LA MÉTÉO

Eleanor Lawrence
Borin van Loon
Adaptation française de
Martine Richebé

GRÜND

Abréviations utilisées dans les schémas et cartes :
D = dépression
A = anticyclone
Pc = Polaire continental
Pm = Polaire maritime
Tm = Tropical maritime
Tc = Tropical continental

Les éditeurs remercient vivement *Météo France* et *Les encyclo-pédies Quid* (Robert Laffont - Éd. 1992) pour l'utilisation de l'échelle anémométrique Beaufort.

Adaptation française de **Martine Richebé**
Texte original de **Eleanor Lawrence**
Illustrations de **Borin van Loon**
Première édition française 1992 par Librairie Gründ, Paris
© 1992 Librairie Gründ pour l'adaptation française
ISBN : 2-7000-1922-9
Dépôt légal : mars 1992
Édition originale 1992 par Atlantis Publications Ltd
sous le titre original *Weather*
© 1992 Atlantis Publications Ltd
Photocomposition : Bourgogne Compo, Dijon
Imprimé en Espagne
Gráficas Reunidas, S. A. Madrid

Sommaire

Introduction

Le temps nous intéresse mais il est rare que nous nous demandions précisément quelles en sont les causes, sauf peut-être lorsqu'il constitue une gêne véritable, voire un danger. Cyclones, inondations et sécheresse font la une de l'actualité en raison de leurs conséquences tragiques pour des milliers de personnes. Ils nous rappellent à quel point nous sommes soumis aux éléments naturels. Faute de pouvoir les contrôler, nous pouvons les étudier de près de façon à être en mesure de prévoir ce qu'ils nous réservent.

Suivre au jour le jour l'évolution du temps et apprendre à en connaître les paramètres locaux peut devenir un passe-temps passionnant. Cet ouvrage vous aidera à discerner les différents types de conditions météorologiques et à en connaître les origines. Vous y trouverez aussi des conseils pour effectuer vous-même des relevés météorologiques quotidiens et établir des prévisions. Avec un peu d'expérience, vous parviendrez à identifier les indices révélant une amélioration ou une dégradation du temps à l'échelle locale.

Comment utiliser ce livre

Il comprend huit parties : **l'atmosphère ; les systèmes météorologiques ; les nuages ; les précipitations ; les vents ; les phénomènes optiques ; les climats** et **les observations et prévisions météorologiques**. Chaque partie est différenciée par un bandeau de couleur et un symbole d'identification particuliers. La première partie consacrée à l'atmosphère renferme des informations de base aidant à comprendre l'origine des phénomènes météorologiques ; dans la partie suivante, vous trouverez une explication et une illustration des principaux systèmes météorologiques et du temps qui leur est associé ; dans celle concernant les nuages, vous apprendrez comment ils se forment et quels en sont les principaux types ; dans la partie se rapportant aux précipitations, vous comprendrez le processus de formation de la pluie, de la grêle et de la neige ; la suivante traite des vents et des phénomènes générateurs de vents violents tels les cyclones ; celle qui est consacrée aux phénomènes optiques atmosphériques décrit la plupart des spectacles merveilleux que peut nous offrir le ciel ; celle concernant les climats aborde et situe les principaux domaines climatiques ; enfin, dans la dernière partie, consacrée aux observations et prévisions météorologiques, vous apprendrez à observer et à prévoir vous-même le temps.

L'atmosphère

Vous trouverez dans cette partie les informations de base sur l'atmosphère et les propriétés de l'air nécessaires à la compréhension du temps. Des sujets précis comme « l'effet de serre » et les « trous » de la couche d'ozone y sont également décrits.

Systèmes météorologiques

Cette partie présente les grands systèmes qui conditionnent les phénomènes météorologiques – masses d'air, fronts, systèmes de hautes et de basses pressions – et la manière de les transcrire sur une carte météorologique.

Nuages

Cette partie décrit, par le texte et l'image, les principaux types de nuages et leur processus de formation. Certains nuages liés à des situations bien précises sont également présentés. Brouillard, rosée et givre, de formation similaire à celle des nuages, bien qu'ils apparaissent au ras du sol, sont également inclus dans cette section.

Précipitations

Cette partie renferme une description du cycle de l'eau et montre comment se forment pluie, neige et grêle tout en précisant le type de conditions météorologiques qui leur est associé.

Vents

Cette partie vous informe sur la nature des vents et leur classification. Certains vents locaux y sont également décrits, ainsi que des phénomènes auxquels sont associés les vents, tels que les tornades, trombes et cyclones.

Phénomènes optiques atmosphériques

Cette partie explique l'apparition de certains phénomènes optiques dans le ciel, comme les arcs-en-ciel, halos et couronnes. Elle décrit aussi orages, foudre et aurores polaires.

Climats

Vous trouverez dans cette partie une carte des principaux domaines climatiques ainsi qu'une description de leurs caractéristiques.

Observations et prévisions météorologiques

 Cette partie vous informe sur la manière dont les prévisions météorologiques sont établies et décrit les instruments dont vous avez besoin pour prévoir vous-même le temps. Des exemples de cartes météorologiques montrent comment exploiter les données recueillies : pour établir une carte détaillée en vue d'un bulletin officiel ; pour que vous puissiez prévoir le lieu de destination de vos prochaines vacances ; et pour réaliser une carte schématisée.

Vous voici donc prêts à utiliser ce livre. Vous pouvez vous contenter d'observer le temps local devant une fenêtre. Mais nous vous conseillons aussi de trouver un site à l'extérieur d'où vous puissiez embrasser d'un seul regard toute l'étendue du ciel.

Lecture d'une page

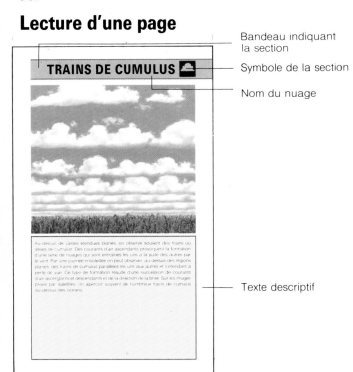

Bandeau indiquant la section

Symbole de la section

Nom du nuage

Texte descriptif

TRAINS DE CUMULUS

Au-dessus de vastes étendues planes, on observe souvent des trains ou allées de cumulus. Des courants d'air ascendants provoquent la formation d'une série de nuages qui sont entraînés les uns à la suite des autres par le vent. Par une journée ensoleillée on peut observer, au-dessus des régions planes, des trains de cumulus parallèles les uns aux autres et s'étendant à perte de vue. Ce type de formation résulte d'une succession de courants d'air ascendants et descendants et de la direction de la brise. Sur les images prises par satellites, on aperçoit souvent de nombreux trains de cumulus au-dessus des océans.

Qu'est-ce que le temps ?

Le temps auquel nous sommes soumis sur Terre résulte de la combinaison unique de l'atmosphère de notre planète, de la présence d'eau en abondance et de la distance à laquelle nous nous trouvons du Soleil. Il suffirait que nous en soyons un peu plus proches pour être noyés dans une masse de nuages suffocants, ou plus éloignés pour que l'eau soit glace.

L'énergie solaire est le moteur essentiel du temps. C'est elle qui met l'air de l'atmosphère en mouvement, qui est stockée et restituée quand l'eau passe de l'état liquide à l'état de vapeur, puis à l'état de glace et à nouveau à l'état liquide. Comme l'air devient plus léger ou plus lourd, plus sec ou plus humide en réagissant aux variations thermiques, il en résulte la formation de nuages, des chutes de pluie, des variations de pression et des déplacements d'air, les vents.

Le temps que nous connaissons à un endroit particulier et à une heure donnée résulte de conditions qui prévalent dans la couche atmosphérique la plus proche du sol. Tous les phénomènes atmosphériques se situent dans la troposphère, couche la plus basse et la plus dense de l'atmosphère. Les conditions atmosphériques varient d'heure en heure, de jour en jour, de lieu en lieu et de saison en saison tandis que la Terre, inclinée sur son axe, accomplit son périple annuel autour du Soleil. Différentes parties du globe connaissent différents types de temps au cours de l'année, l'ensemble de ces variations déterminant leur climat.

Dans la vie quotidienne, il nous suffit de décrire le temps en termes simples : beau, passable, mauvais ou exécrable. En revanche, les météorologistes doivent en établir un relevé détaillé et en fournir une description précise, faisant état de la température, de la pression de l'air, de l'humidité, de la couverture nuageuse et du type de nuages observés, de la visibilité, des précipitations, de la vitesse et de la direction du vent. L'atmosphère est soumise à des mécanismes si complexes que le temps qu'elle est susceptible d'engendrer est pratiquement impossible à prédire au-delà de quelques jours. Par contre, grâce aux connaissances acquises en un siècle d'observations météorologiques, au précieux concours des satellites et des ordinateurs, les prévisions à court terme sont en général très précises.

Glossaire

Adiabatique : se dit de l'échauffement ou du refroidissement de l'air ne résultant pas d'un échange thermique avec l'extérieur, mais du seul effet de la pression qui engendre sa dilatation et sa contraction.

Condensation : passage de l'eau de l'état de vapeur d'eau à l'état liquide.

Convection : mouvement vertical de l'air ou de l'eau résultant de variations thermiques.

Diffraction : déviation de la lumière au contact d'obstacles, molécules d'air ou gouttelettes d'eau par exemple.

Évaporation : passage de l'eau de l'état liquide à l'état gazeux.

Instable : se dit de l'air qui a tendance à se déplacer verticalement. S'il est contraint de s'élever dans un environnement instable, il arrive un moment où il devient et reste plus chaud que l'air qui l'entoure et continue à monter. L'instabilité dépend de la température et de l'humidité ; d'une manière générale, on dit que l'air est instable quand il est chaud près de la surface et beaucoup plus froid plus haut.

Inversion thermique : une couche d'air frais est maintenue prisonnière au niveau du sol sous une couche d'air plus chaud.

Isobares : lignes joignant les points d'une carte météorologique où la pression atmosphérique est la même.

Latitudes moyennes : entre 30° et 70° N et S environ.

Point de rosée : température à laquelle la vapeur d'eau contenue dans l'air commence à se condenser. Cette température varie en fonction de l'humidité de l'air.

Précipitations : chutes de pluie, neige ou grêle.

Réfraction : déviation de la lumière quand elle passe d'un milieu transparent (air, par exemple) dans un autre milieu transparent (eau, par exemple) de densité différente.

Saturé : se dit de l'air quand il renferme la quantité maximale de vapeur d'eau qu'il puisse absorber à une température donnée, son humidité relative étant alors de 100 %. Le point de saturation est la température à laquelle il est saturé.

Sous le vent : versant montagneux à l'abri du vent.

Stable : qualifie l'air au sein duquel les mouvements verticaux sont très faibles. Si l'air est forcé de s'élever dans un environnement stable, il finit par devenir plus froid que l'air qui l'entoure et redescend. Cette stabilité dépend de la température et de l'humidité. En règle générale, on dit que l'air est stable quand il est plus froid dans ses couches inférieures que dans ses couches supérieures.

Stratosphère : couche de l'atmosphère située immédiatement au-dessus de la troposphère.

Surfusion : état des gouttelettes d'eau qui restent liquides à une température inférieure au point de congélation, en raison de leur taille microscopique.

Tropicales : se dit des régions situées entre les latitudes 23°27' N (Tropique du Cancer) et 23°27' S (Tropique du Capricorne).

Tropopause : zone de transition entre troposphère et stratosphère.

Troposphère : couche inférieure de l'atmosphère, la plus dense, où se situent tous les phénomènes météorologiques.

Turbulences : variations irrégulières de la vitesse et de la direction du vent.

Symboles utilisés sur les cartes météorologiques

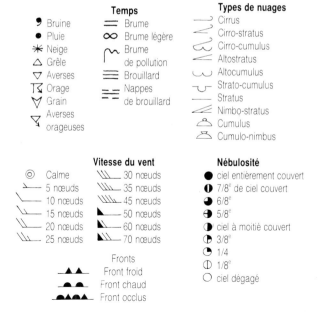

Temps

Bruine
Pluie
Neige
Grêle
Averses
Orage
Grain
Averses orageuses

Brume
Brume légère
Brume de pollution
Brouillard
Nappes de brouillard

Types de nuages

Cirrus
Cirro-stratus
Cirro-cumulus
Altostratus
Altocumulus
Strato-cumulus
Stratus
Nimbo-stratus
Cumulus
Cumulo-nimbus

Vitesse du vent

Calme
5 nœuds
10 nœuds
15 nœuds
20 nœuds
25 nœuds
30 nœuds
35 nœuds
45 nœuds
50 nœuds
60 nœuds
70 nœuds

Fronts

Front froid
Front chaud
Front occlus

Nébulosité

ciel entièrement couvert
7/8e de ciel couvert
6/8^e
5/8^e
ciel à moitié couvert
3/8^e
1/4
1/8^e
ciel dégagé

L'Atmosphère

L'atmosphère est l'enveloppe gazeuse qui entoure et protège notre planète. Elle s'étend sur plusieurs milliers de kilomètres dans l'espace. Très dense au niveau du sol, elle se raréfie rapidement avec l'altitude. Sans elle, la Terre serait soumise aux extrêmes de température que connaît la Lune ; il n'y aurait aucun phénomène météorologique et aucune trace de vie. L'atmosphère comprend plusieurs couches se distinguant par leurs compositions, propriétés et gradients de température. La plupart des manifestations météorologiques ont lieu dans la couche inférieure, la **troposphère**, qui renferme 90 % de la masse totale de l'atmosphère. Elle est en effet directement influencée par la température et la topographie du globe. L'air y est constamment en mouvement, brassé par les transferts thermiques issus du réchauffement inégal de notre planète par le Soleil. Ce sont ces variations constantes de température, de pression et d'humidité qui sont à l'origine de tous les phénomènes météorologiques.

Une zone de transition – la **tropopause** – sépare la troposphère de la **stratosphère** et marque la limite extrême de l'influence de la Terre sur la température de l'atmosphère. Celle-ci décroît avec l'altitude jusqu'à la tropopause, où elle se stabilise. La tropopause est en quelque sorte un « plafond » au-delà duquel l'atmosphère est transparente et relativement calme. Son altitude varie entre 10 km au-dessus des pôles et 17 km au-dessus des tropiques. Les avions volent souvent à ce niveau ou un peu au-dessus pour éviter nuages et turbulences. La couche d'ozone, qui absorbe presque tous les ultraviolets émis par le Soleil et protège notre planète de leurs effets nocifs, forme la base de la stratosphère.

Composition de l'air

L'air de la troposphère est essentiellement constitué d'azote (78 %), d'oxygène (21 %), de faibles quantités de dioxyde de carbone (environ 0,03 %), de vapeur d'eau (1 à 4 %), d'argon et d'hydrogène. C'est la vapeur d'eau qui joue le rôle le plus important dans la survenance des phénomènes du temps. Elle s'évapore de la surface du globe, se condense en nuages puis retombe sous forme de pluie ou de neige. L'air renferme aussi de fines particules solides (poussières, sels, cendres, fumées) qui sont autant de noyaux de condensation pour les gouttelettes d'eau. C'est ainsi que les polluants chimiques contribuent à la formation de brumes et brouillards (smog) au-dessus des grandes agglomérations.

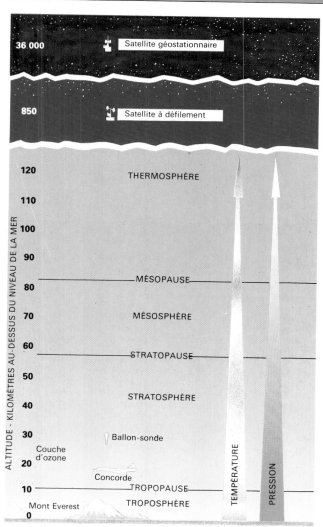

ALTITUDE - KILOMÈTRES AU-DESSUS DU NIVEAU DE LA MER

36 000 — Satellite géostationnaire

850 — Satellite à défilement

120 — THERMOSPHÈRE
110
100
90
80 — MÉSOPAUSE
70 — MÉSOSPHÈRE
60 — STRATOPAUSE
50
40 — STRATOSPHÈRE
30 — Ballon-sonde
Couche d'ozone
20 — Concorde
10 — TROPOPAUSE
Mont Everest — TROPOSPHÈRE
0

TEMPÉRATURE

PRESSION

15

LA COUCHE D'OZONE

CONCENTRATION D'OZONE DANS LA STRATOSPHÈRE

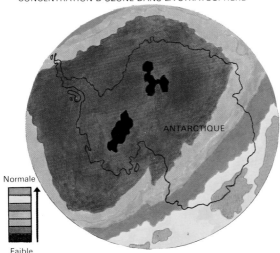

La stratosphère renferme une couche d'ozone de densité maximale entre 15 et 25 km d'altitude. Cet ozone, en formation permanente, est issu de la décomposition de l'oxygène sous l'action du rayonnement ultraviolet du Soleil. En absorbant la majeure partie de ces rayons nocifs, la couche d'ozone protège la vie sur notre planète. On sait en effet que certains ultraviolets détruisent les cellules des êtres vivants. Récemment, on a découvert que la couche d'ozone s'était considérablement amincie : des « trous » apparaissent en octobre au niveau de l'Antarctique et au printemps au niveau de l'Arctique. Les scientifiques ont mis en évidence que les chlorofluorocarbones (CFC), employés comme gaz propulseurs dans les aérosols et comme réfrigérants, étaient de puissants destructeurs de l'ozone. Leur décomposition dans l'atmosphère libère du chlore qui, à son tour, entraîne une dissociation de l'ozone en oxygène et en Cl O. Une convention internationale limite désormais la fabrication et l'emploi des CFC les plus nuisibles.

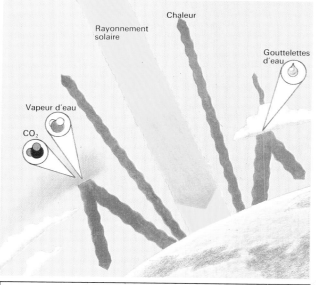

Chaleur

Rayonnement
solaire

Gouttelettes
d'eau

Vapeur d'eau

CO_2

Plus on s'éloigne de la surface de la Terre, plus la température de la **troposphère** décroît. Dans cette couche inférieure de l'atmosphère, l'air n'est pas directement réchauffé par le Soleil mais par l'énergie renvoyée par notre planète. En revanche, les couches externes de l'atmosphère, qui absorbent les rayons X et autres rayons de courtes longueurs d'ondes, sont très chaudes. Ce sont essentiellement des rayons dans la longueur d'onde de la lumière visible qui atteignent la Terre sans avoir été absorbés par l'atmosphère. Cette énergie est, à son tour, partiellement réfléchie par la surface du globe, dont la déperdition de chaleur se manifeste sous forme d'infrarouges. Comme ce type de rayonnement est absorbé par les molécules de vapeur d'eau et de dioxyde de carbone, l'air en contact avec la surface est ainsi réchauffé. Ces molécules réfléchissent aussi l'énergie solaire sous forme de chaleur. Si toute la chaleur réfléchie par la Terre se perdait dans l'espace, notre planète serait bien plus froide. Mais elle est en grande partie réfléchie par la base des nuages et par l'air lui-même – effet de serre – le bilan thermique étant ainsi équilibré. La température de surface est en moyenne de 15 °C, avec cependant d'énormes variations d'un lieu à l'autre.

L'EFFET DE SERRE

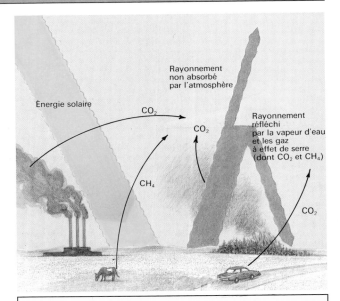

Le rayonnement solaire visible atteint la Terre sans être absorbé par l'atmosphère. Mais le rayonnement infrarouge émis en retour par la Terre est en partie stoppé et réfléchi par la vapeur d'eau, le dioxyde de carbone (CO_2) et autres molécules gazeuses naturelles ou non. Ces gaz « à effet de serre » jouent donc un rôle déterminant dans la régulation de la température de notre planète. La teneur de l'atmosphère en dioxyde de carbone est faible, mais elle augmente constamment depuis le début de l'ère industrielle et l'emploi massif de combustibles fossiles (gaz, pétrole, charbon). Les rejets de dioxyde de carbone dans l'atmosphère sont devenus supérieurs à la quantité normalement assimilable par les forêts dans le processus de la photosynthèse. De nombreux scientifiques pensent qu'une augmentation non contrôlée du CO_2 ou d'autres gaz à effet de serre pourrait entraîner un réchauffement de la Terre : pour un doublement du CO_2 atmosphérique, la température pourrait s'élever de 1,5 °C à 5,5 °C. On imagine les conséquences dramatiques d'un tel réchauffement : fonte des calottes polaires et élévation du niveau des océans, menaçant une multitude de lieux habités.

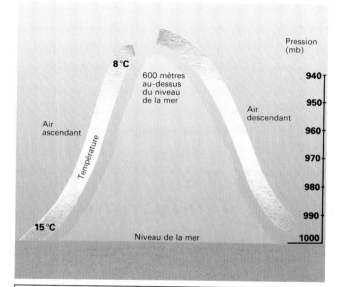

La masse de l'atmosphère exerce une pression moyenne de 1 013 millibars (mb) sur la surface terrestre. Au niveau de la mer, les variations de pression peuvent atteindre 50 mb au cours d'une même journée, mais nous n'y sommes pas sensibles, sauf si elles sont très soudaines. La pression de l'air diminue avec l'altitude, l'atmosphère se raréfiant. Jusqu'à une altitude de 1 000 m, elle chute d'environ 1 mb tous les 10 m et à 5,5 km d'altitude, elle est d'environ 500 mb, soit de moitié inférieure à la pression relevée au sol. Ce sont les variations horizontales de la pression atmosphérique qui engendrent les vents, l'air s'écoulant d'une zone de haute pression vers une zone de basse pression. La diminution verticale de la pression a d'importants effets sur les propriétés de l'air. Une masse d'air qui est amenée à s'élever subit une pression de plus en plus faible et se dilate. L'air se refroidit en se dilatant. Inversement, une masse d'air descendante subit une pression croissante. Cette compression s'accompagne d'un échauffement. Cet échauffement et ce refroidissement de l'air dus aux seules variations de pression sont qualifiés d'**adiabatiques**. Ils jouent un rôle essentiel dans bien des phénomènes météorologiques.

Circulation générale de l'atmosphère

La circulation générale de l'air dans la **troposphère** est la conséquence de la répartition inégale de l'énergie solaire sur notre planète. Les écarts de température entre Équateur et pôles et océans et continents engendrent des déplacements d'air à l'échelle globale qui sont la trame de tous les phénomènes météorologiques. Entre les latitudes 35° N et S, la surface de la Terre reçoit plus de chaleur qu'elle n'en renvoie ; aux pôles, elle en perd plus qu'elle n'en reçoit. En l'absence de tout transfert thermique de l'Équateur vers les pôles, les zones tropicales seraient plus chaudes, les régions polaires plus froides. L'océan participe avec l'atmosphère à ce transfert thermique.

Cette circulation générale engendre les grands vents réguliers qui balaient les océans, tels les alizés au niveau des tropiques et les vents d'ouest plus au nord et au sud (voir p. 82). Au niveau de l'Équateur, l'air ascendant crée une zone de basse pression où les vents sont rares. On trouve aussi des « zones de calme » au niveau des latitudes 30° N et 30° S. Étant donné que le mouvement général de l'air sur le Pacifique et l'Atlantique Nord s'effectue vers l'est, la plupart des phénomènes météorologiques auxquels nous sommes soumis nous viennent donc de l'ouest. Ainsi, les orages d'hiver qui prennent naissance sur l'Atlantique Nord sont entraînés vers l'est en direction des côtes européennes ; de même, l'été, il arrive souvent que le beau temps nous soit amené par une grande zone de haute pression engendrée par les eaux chaudes de l'Atlantique.

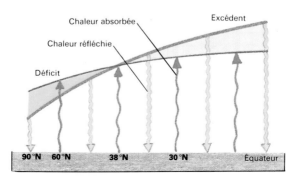

LA CIRCULATION GLOBALE

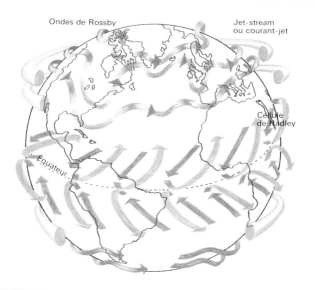

L'air chaud qui s'élève à l'Équateur, où le rayonnement solaire est le plus intense, est emporté vers le sud et le nord et est remplacé au niveau du sol par des masses d'air plus frais. En s'éloignant de l'Équateur, l'air chaud refroidit et commence à descendre aux latitudes 30° N et S. Cette cellule de circulation, (cellule de Hadley) est déviée vers l'est dans l'hémisphère Nord et vers l'ouest dans l'hémisphère Sud en raison de la rotation de la Terre d'ouest en est donnant naissance en surface aux alizés. Plus l'on s'approche des pôles, plus la circulation atmosphérique devient complexe. Des courants d'air ondulants (ondes de Rossby) contournent le globe d'ouest en est, brassant l'atmosphère et transportant l'air chaud vers les pôles et l'air froid vers l'Équateur. Des masses d'air froid se déplaçant vers le sud glissent sous des masses d'air chaud remontant vers le nord. À ces latitudes, les vents de surface dominants sont les vents d'ouest. En altitude, les jet-streams, vents extrêmement rapides, s'écoulent vers l'est sous forme d'étroits rubans encerclant le globe au niveau des zones de fortes variations de température, contribuant au transfert thermique entre air tropical et air polaire.

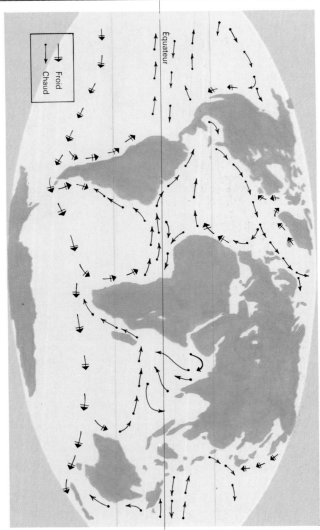

Froid

Chaud

Équateur

Grands courants océaniques

Les courants océaniques participent aussi aux échanges thermiques entre Équateur et pôles. Des courants chauds comme le Gulf Stream dans l'Atlantique Nord et le courant du Brésil dans l'Atlantique Sud circulent de l'Équateur vers les pôles, tandis que des courants froids, tels le courant du Labrador le long de la côte est du Canada et le courant de Humboldt le long de la côte ouest de l'Amérique du Sud, s'écoulent en sens inverse.

Ce sont les vents dominants qui engendrent les grands courants océaniques. Ainsi, le Gulf Stream, décrivant une large courbe de la Floride à l'Arctique, suit le mouvement des vents qui contournent l'anticyclone des Açores.

Les courants ont une influence énorme sur le climat des régions côtières qu'ils longent. Quand ils sont chauds, ils adoucissent les masses d'air se déplaçant au-dessus de ces courants étant réchauffées et humidifiées. Ainsi, la dérive Nord-Atlantique, dans le prolongement du Gulf Stream évite que la côte norvégienne soit prise dans les glaces l'hiver, ce qui est par contre le cas du Saint-Laurent, grand fleuve canadien situé de l'autre côté de l'Atlantique. Elle est aussi à l'origine de microclimats subtropicaux sur la côte ouest de l'Irlande, dans les îles Sorlingues et les Cornouailles.

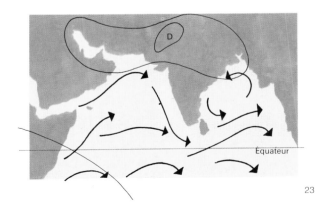

L'humidité

L'eau (H_2O) est la composante de l'atmosphère qui joue le rôle le plus important dans la survenance des phénomènes météorologiques. L'air renferme toujours entre 1 et 4 % de vapeur d'eau en moyenne, mais cette quantité peut varier. Bien qu'elle soit invisible, elle est néanmoins perceptible quand l'air en est fortement chargé : nous nous sentons mal à l'aise dans un air chaud et humide qui empêche la sueur de s'évaporer et de nous rafraîchir. De même, quand il fait froid, plus l'air est humide, plus il nous semble glacial. On parle d'humidité de l'air pour définir sa teneur en eau. La quantité maximale de vapeur d'eau que peut contenir l'air dépend de sa température. Plus l'air est chaud, plus sa capacité d'absorption est importante. Quand à une température donnée, il renferme la quantité maximale de vapeur d'eau qu'il puisse stocker, on le dit **saturé**.

Température de l'air	Valeur de saturation (en grammes de vapeur d'eau par mètre cube d'air)
30	30,4
10	9,8
0	4,9
− 20	1,0

La teneur de l'air en vapeur d'eau est souvent exprimée sous forme d'humidité relative. Il s'agit du rapport entre la vapeur d'eau qu'il renferme effectivement à une température donnée et le maximum qu'il pourrait absorber à cette même température. Plus l'air refroidit, plus son humidité relative augmente jusqu'à atteindre 100 % − point de saturation. Si sa température s'abaisse au-delà de ce point de saturation, la vapeur d'eau se condense sous forme de gouttelettes (voir p. 37). C'est ce qui arrive l'hiver quand nous expirons de l'air chaud et humide dans l'air froid environnant.

Humidité absolue = 7,27 g de vapeur d'eau/mètre cube d'air				
Température	10 °C	16 °C	20 °C	30 °C
Humidité relative	100 %	69 %	54 %	31 %

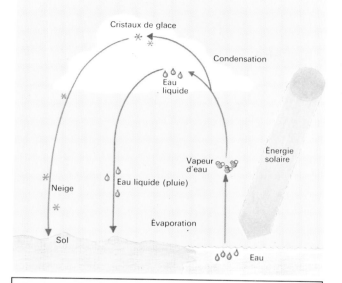

Sur notre planète, l'eau peut exister à l'état gazeux (vapeur d'eau), liquide et solide (glace). Elle s'évapore sans cesse de la surface de la Terre dans l'atmosphère sous forme de vapeur d'eau invisible. Lorsque cette vapeur d'eau se condense en fines gouttelettes d'eau, elle forme des nuages. Si cette condensation a lieu dans les régions les plus élevées et les plus froides du ciel, ces nuages sont faits de cristaux de glace. Enfin, quand les conditions sont réunies, les nuages restituent l'eau à la Terre sous forme de pluie, neige ou grêle, le cycle étant ainsi bouclé.

La transformation de l'eau en vapeur, sans changement de température, nécessite une grande quantité d'énergie, qui vient en fin de compte du Soleil. Cette énergie est piégée dans la vapeur d'eau puis libérée sous forme de chaleur latente de condensation quand la vapeur d'eau se condense. La chaleur dégagée lors de la condensation de grandes masses d'air humide contribue à la formation de cumulo-nimbus (nuages d'orage) et de cyclones.

SYSTÈMES MÉTÉOROLOGIQUES

Des zones distinctes de hautes et de basses pressions sont mises en évidence à l'échelle planétaire par le relevé de la pression atmosphérique de surface en divers points du globe. Ces zones varient d'un jour à l'autre et de saison en saison et chacune détermine des conditions météorologiques particulières. Les systèmes météorologiques basés sur ces zones de hautes et basses pressions nous permettent de prévoir le temps qu'il fera le lendemain et ce, sur des milliers de kilomètres carrés. Quand on observe la Terre de l'espace, on peut apercevoir des tourbillons nuageux, associés aux zones de basses pressions – les dépressions de la carte météorologique souvent synonymes de mauvais temps ou de temps instable. Les zones de hautes pressions (anticyclones) apportent en général le beau temps, surtout l'été, mais la situation est souvent plus complexe. Ces ensembles complémentaires résultent de variations de température, pression et humidité entre diverses masses d'air. La rencontre de deux masses d'air de propriétés différentes entraîne la formation d'un front souvent accompagné de nuages et de pluie. Des mouvements d'air localisés engendrent des dépressions sur ces fronts.

LA CARTE MÉTÉOROLOGIQUE

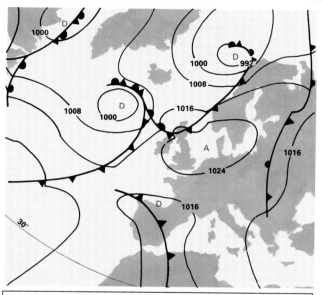

Cette carte simplifiée, semblable à celles qui sont publiées dans les journaux, montre la répartition des zones de hautes et de basses pressions (dépressions et anticyclones) et des fronts qui leur sont associés. Des cartes de ce type sont établies à partir de données provenant de centaines de stations météorologiques. Tous les points où la pression atmosphérique est identique à une heure donnée sont reliés par des lignes appelées **isobares**, qui sont ici séparées par des intervalles de 8 mb. Les fronts, estimés selon la répartition des zones de hautes et basses pressions, sont représentés par des lignes plus épaisses. Cette carte illustre une situation atmosphérique assez typique au-dessus de l'Europe en fin d'été.

front froid
front chaud
front occlus
front stationnaire
isobares avec pression de surface en millibars

27

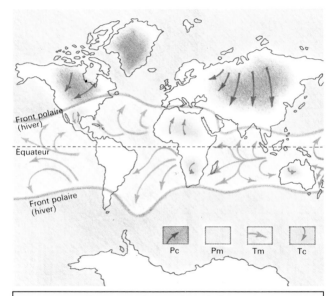

Le temps qu'il fait est largement déterminé par l'état de l'air au-dessus de notre région. Température et humidité de l'air dépendent des caractéristiques de la surface sous-jacente. Ainsi, au-dessus des mers tropicales chaudes, l'air sera toujours plus chaud et plus humide qu'au-dessus des régions polaires. Sur de grandes portions de la surface terrestre, notamment au-dessus des océans et au-dessus des régions continentales intérieures, température et humidité de l'air sont à peu près uniformes horizontalement. Ces portions d'atmosphère assez homogènes sont connues sous le nom de masses d'air. Bien qu'elles se forment au-dessus des océans et des régions continentales intérieures, ces masses d'air, souvent en mouvement, se réchauffent ou se refroidissent, s'humidifient ou s'assèchent, en se déplaçant au-dessus de surfaces de types différents, modifiant souvent les paramètres du temps dans des régions fort éloignées. Air polaire maritime (APm), air polaire continental (APc), air tropical maritime (ATm) et air tropical continental (ATc) constituent les principales masses d'air. L'air Pm est froid et humide, l'air Pc est froid et sec, l'air Tm est chaud et humide et l'air Tc est chaud et sec. Des fronts forts se forment quand les masses d'air polaire rencontrent les masses d'air tropical.

MASSES D'AIR

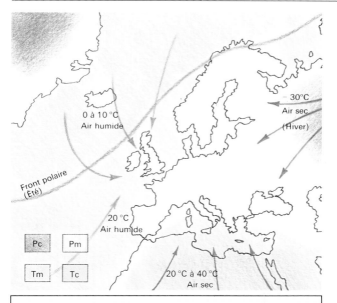

En Europe, le temps est influencé par quatre masses d'air. La masse d'air polaire maritime (APm) se formant au-dessus de l'Océan Arctique, se déplace vers le sud, surtout l'hiver. Elle peut venir du nord-ouest, amenant un temps frais ou froid, accompagné d'averses et d'éclaircies. Plus elle parcourt de distance sur les eaux plus chaudes de l'Atlantique, plus elle se charge en humidité ; d'où un temps humide, frais et nuageux, venant du sud-ouest. Quand elle arrive du nord-est, elle amène un temps froid et pluvieux, avec parfois des averses de neige ou de grésil. L'air polaire continental (APc) nous arrive l'hiver des étendues gelées du nord de l'Asie. Quand il atteint l'Europe occidentale, il apporte un temps très froid, mais dégagé. La masse d'air tropical maritime (ATm), centrée sur les Açores dans l'Atlantique Nord, arrive du sud-ouest. En hiver, elle amène un temps doux et nuageux. L'été, quand elle est stationnaire au-dessus du continent, elle perd de son humidité et donne de belles journées claires et ensoleillées. Le sud de l'Europe est influencé par la masse d'air tropical continental (ATc) en provenance des déserts d'Afrique du Nord. Elle amène chaleur et sécheresse l'été sur les régions méditerranéennes en se déplaçant vers le nord.

⟩ FRONTS

Un front constitue la zone de séparation (plusieurs milliers de kilomètres parfois) entre masse d'air chaud et masse d'air froid. La masse d'air chaud s'élève au-dessus de la masse d'air froid. Masses nuageuses et zones de précipitations se forment à l'avant de la masse d'air chaud qui se refroidit en cours d'ascension. On parle de fronts « forts » pour désigner les surfaces de contact entre les masses d'air de températures très différentes, notamment entre masse d'air polaire et masse d'air tropical. Ils sont invariablement accompagnés de pluie ou de neige, souvent de vents violents, et annoncent un changement de temps. Le front polaire est celui qui influence le plus le temps en Europe (voir p. 29). En été, il se déplace en général au nord des Iles Britanniques, mais en hiver, il peut descendre jusqu'au sud de l'Europe. Des fronts moins accusés, séparant deux masses d'air de propriétés très similaires, peuvent n'engendrer qu'une légère chute de pression et passer inaperçus. Un front dont le déplacement est faible et très lent est appelé front quasi stationnaire. Il existe trois types de fronts mobiles, chacun accompagné d'une séquence météorologique typique (voir p. 34, 35, 66).

Une dépression est une zone de basses pressions bien marquée représentée, sur une carte météorologique, par une série d'isobares concentriques avec un minimum de pression au centre. Ceci est dû au fait que l'air s'élevant au centre de la dépression est rapidement balayé par des vents de haute altitude soufflant en mouvement tourbillonnant du centre vers l'extérieur. Au niveau du sol, l'air est attiré dans la dépression et entraîné vers le centre en un mouvement circulaire (voir p. 83). Dans l'hémisphère Sud, les vents soufflent dans le sens des aiguilles d'une montre et dans l'hémisphère Nord dans le sens contraire. Plus la force du gradient de pression est élevée, plus les vents sont rapides. Les dépressions font en général plusieurs milliers de kilomètres de diamètre et s'étendent verticalement sur toute la hauteur de la basse troposphère. Aux latitudes moyennes, les systèmes de basses pressions sont associés à des formations nuageuses accompagnées de pluie ou de neige dues au mouvement ascendant de l'air qui provoque par refroidissement la condensation de la vapeur d'eau. Au-dessus des eaux tropicales, ces dépressions peuvent se transformer en cyclones. Les dépressions apparaissent souvent le long des fronts, notamment du front polaire aux latitudes élevées (voir p. 35).

ANTICYCLONES

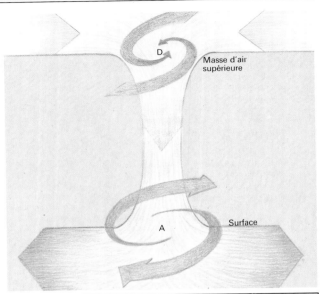

Les anticyclones sont des zones de hautes pressions, matérialisées sur les cartes météorologiques par une série d'isobares concentriques avec une pression maximale au centre. En fait, l'air au centre d'un anticyclone descend vers la surface, subissant une compression et donc un échauffement. Au sol, l'air s'écoule du centre vers l'extérieur, dévié en un mouvement circulaire. La circulation des vents s'effectue donc dans le sens des aiguilles d'une montre dans l'hémisphère Nord et inversement dans l'hémisphère Sud. Le gradient de pression du centre vers l'extérieur est rarement aussi élevé que dans une dépression et les vents sont en général moins forts. L'échauffement du courant d'air descendant au centre limite la probabilité de formation de nuages, les anticyclones étant souvent associés à un temps clair et ensoleillé. Des anticyclones stationnaires engendrent de temps à autre de longues périodes de beau temps accompagnées de températures extrêmes – canicule et sécheresse l'été, froid glacial l'hiver. Des anticyclones saisonniers se développent en hiver sur les régions intérieures continentales couvertes de neige, comme l'air se refroidit, il devient plus intense et s'abaisse.

FRONT CHAUD

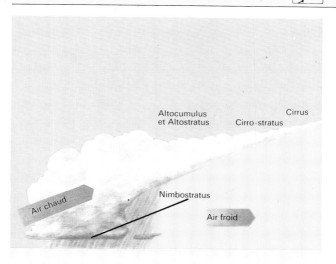

Cirrus

Altocumulus
et Altostratus

Cirro-stratus

Nimbostratus

Air chaud

Air froid

Un front chaud se forme quand une masse d'air chaud vient remplacer une masse d'air froid. L'air chaud, avançant derrière la masse d'air froid, s'élève à son contact suivant une ligne en pente douce et se refroidit. Des nuages se forment. L'approche d'un front chaud est souvent annoncée environ 48 h à l'avance par des cirrus, premier signe de la présence d'une couche d'air chaud en altitude, et une légère baisse de pression. Viennent ensuite les cirro-stratus, voilant légèrement Soleil ou Lune, puis les altostratus, nuages de moyenne altitude donnant un ciel de plomb ou, si l'air est lourd, un ciel « pommelé » de cirro-cumulus. Les nimbo-stratus, bas et sombres, précèdent la ligne de front amenant la pluie ou la neige. La zone de précipitations peut faire 250-300 km de large et son passage peut durer 6 heures ou plus, puis la pression remonte. Les fronts chauds se déplacent assez lentement, à environ 20 km/h. Si l'air chaud ascendant est très instable, le front peut aussi être accompagné de cumulo-nimbus avec un mélange de pluies, bruines persistantes et d'averses orageuses. Les fronts chauds associés aux dépressions sont souvent suivis d'une courte période de beau temps, puis d'un front froid (voir p. 35).

FRONT FROID

Air froid

Cumulo-nimbus

Air chaud

Cumulus

L'avance d'un front froid est typiquement accompagnée d'une chute de pression suivie de fortes averses très brèves, suivies d'un temps plus froid mais plus ensoleillé et d'une hausse de pression. Un front froid se forme quand une masse d'air froid se glisse au-dessous d'une masse d'air chaud et la soulève. L'air chaud est contraint de s'élever rapidement et donne naissance à de gros nuages d'orages, les cumulo-nimbus. Ils donnent de violentes averses, parfois accompagnées de tonnerre, qui ne durent pas très longtemps. Les fronts froids se déplacent en général plus rapidement que les fronts chauds, à 30-45 km/h. Ils sont aussi plus étroits, leur passage ne durant pas plus de 4 à 5 heures. Des cirrus de haute altitude les précèdent généralement, mais ils sont souvent masqués par la couche nuageuse basse engendrée par la masse d'air chaud et les gros nuages de pluie arrivent par surprise. Les fronts froids plus lents sont accompagnés de nimbo-stratus donnant des pluies régulières et de cumulo-nimbus donnant simultanément de fortes averses. Les fronts froids suivent souvent de près les fronts chauds immobilisés dans les dépressions (voir p. 35).

FRONT OCCLUS

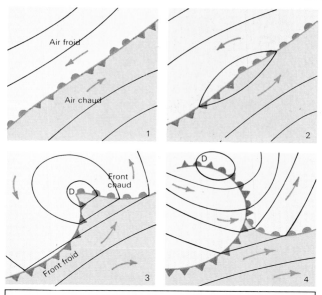

Lorsque les masses d'air froid qui précèdent et suivent respectivement une masse d'air chaud se rejoignent au sol, repoussant la masse d'air chaud en altitude, on parle de front occlus. Ils sont courants dans les zones dépressionnaires des moyennes latitudes. Dans l'hémisphère Nord, les dépressions se forment sur la surface de contact entre l'air froid venant du nord et l'air chaud venant du sud (1). Quand l'air froid pénètre sous la couche d'air chaud à un endroit donné, il se produit une ondulation enserrant une langue d'air chaud, qui est comprimée horizontalement et forcée de s'élever au-dessus de la masse d'air froid. Une dépression se forme au niveau de cette ondulation, comme l'air froid s'en éloigne rapidement et l'air chaud s'y déplace plus lentement. La masse d'air froid postérieure finit par rattraper la masse d'air froid antérieure (4), soulevant l'ensemble de la masse d'air chaud et formant ainsi un front occlus. Les pluies persistantes, typiques du front chaud, sont immédiatement suivies d'averses en provenance des cumulo-nimbus accompagnant les fronts froids, sans éclaircie intermédiaire. Une fois le front occlus, la dépression cesse de se développer et la pression s'équilibre.

CIEL ROUGE LE SOIR

« Ciel rouge le soir, espoir ; rouge le matin, chagrin » est un dicton populaire britannique connu sous différentes versions dans le monde entier. En Chine, « Soir de braise et blanc matin c'est le jour du pèlerin ; matin carmin, ne te mets pas en chemin ». Ces dictons sont fiables dans la mesure où les fronts ainsi que les nuages et précipitations qui leur sont associés se déplacent d'ouest en est, ce qui est souvent le cas en Europe occidentale. Le ciel se pare de teintes éclatantes quand, au lever et au coucher du Soleil, l'atmosphère est sèche ou embrumée de fines poussières, traits caractéristiques de l'air accompagnant un anticyclone. Un ciel rouge à l'est le matin peut laisser supposer que le beau temps est passé ; des nuages illuminés par le Soleil levant ont toutes les chances d'être des signes avant-coureurs de l'approche d'un front. En revanche, un ciel rouge le soir laisse plus d'espoir : l'air sec est en chemin, apportant le beau temps.

Nuages

Les nuages sont les phénomènes météorologiques les plus faciles à observer. Ils recouvrent en permanence environ 50 % de la superficie du globe. Il suffit de lever les yeux vers le ciel pour s'apercevoir qu'ils sont presque toujours là. Marins et agriculteurs les ont toujours observés pour prévoir le temps. Avec un peu de pratique, ils peuvent vous fournir de multiples informations sur l'état de l'atmosphère et son évolution.

Les nuages proviennent de la condensation de la vapeur d'eau contenue dans l'air. Cette condensation sous forme de gouttelettes d'eau ou de cristaux de glace est toujours la conséquence d'un refroidissement de l'air. Dans les nuages de haute altitude se formant à des températures d'environ − 40 °C, il y a congélation immédiate de l'eau en fins cristaux de glace. Toutefois, il arrive aussi que les gouttelettes d'eau soient si minuscules qu'elles restent à l'état liquide bien au-dessous de leur point de cristallisation, c'est-à-dire à des températures bien inférieures à 0 °C (**surfusion**). Les gouttelettes d'eau formant les nuages ont pour la plupart un diamètre compris entre 1 et 50 micromètres (μm)*. Elles sont si légères qu'elles restent en suspension dans l'air ou tombent si lentement qu'elles s'évaporent avant d'avoir touché le sol. Lorsque la taille atteinte par les gouttelettes dépasse 100 μm, la précipitation devient perceptible et prend le nom de bruine. Les véritables gouttes de pluie sont beaucoup plus grosses – environ 1 mm de diamètre – et des centaines de milliers de fois plus lourdes. Elles peuvent se former de diverses manières (voir p. 70) et seuls certains types de nuages donnent de la pluie.

Les nuages apparaissent dans différentes situations, soit au sommet de courants d'air ascendants issus de l'évaporation d'une étendue chauffée par le Soleil, soit au-dessus des reliefs quand une masse d'air humide est contrainte de s'élever au contact des versants exposés au vent, soit encore quand une masse d'air chaud s'élève au-dessus d'une masse d'air froid au niveau des surfaces de contact entre dépressions et anticyclones (voir p. 30).

Air frais
et humide

Air chaud
et sec

LA COUVERTURE NUAGEUSE

Les images de la Terre transmises par satellites font apparaître un bandeau nuageux au niveau des régions équatoriales, où les courants ascendants d'air chaud et humide sont les plus importants. De part et d'autre de l'Équateur, au-dessus des déserts et des steppes, l'air est plus limpide. Les tourbillons nuageux correspondent à des dépressions. Non seulement les nuages apportent pluie ou neige, mais ils contribuent à réguler la température. Quand le ciel est dégagé, aucun nuage n'étant là pour réfléchir la lumière du Soleil, la température de surface passe rapidement d'un minimum avant l'aube à un maximum vers le milieu de l'après-midi. La chaleur restituée par la Terre excède ensuite la chaleur reçue et la surface commence à refroidir. Si la nuit est claire, cette chaleur continue à se perdre dans l'espace sans qu'aucun nuage ne soit là pour l'absorber et la réfléchir vers la surface dont la température continue à baisser. De même, un ciel couvert peut réfléchir jusqu'à 80 % de l'énergie solaire. Toutefois, s'il fait plus froid dans la journée, les nuages évitent aussi les déperditions de chaleur si bien que l'écart entre températures diurnes et nocturnes est comparativement moins important.

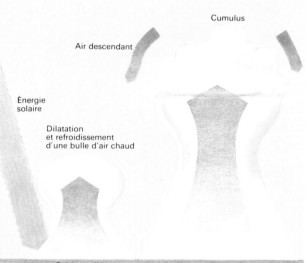

Cumulus

Air descendant

Énergie solaire

Dilatation et refroidissement d'une bulle d'air chaud

Sol échauffé

La formation des nuages résulte de l'abaissement de la température de l'air au-dessous du point de rosée (voir p. 24). Ce refroidissement est lié à la dilatation de l'air qui, en s'élevant, est soumis à une pression atmosphérique de plus en plus faible (refroidissement **adiabatique**). Il s'élève sous l'effet de la chaleur rayonnée par le sol (voir diagramme ci-dessus) ou quand il est contraint de surmonter un obstacle – chaîne montagneuse ou masse d'air froid. Les petits cumulus, signes de beau temps, apparaissent quand un réchauffement local de la surface terrestre entraîne l'élévation d'une colonne d'air chaud (ascendance thermique) au sein d'une masse d'air environnante plus froide. Comme l'air refroidit avec l'altitude et que l'air froid peut moins stocker de vapeur d'eau que d'air chaud, il finit par être saturé. Si la température s'abaisse au-delà de ce point de saturation appelé point de rosée, la vapeur d'eau se condense en gouttelettes d'eau et le nuage prend forme. En pratique, les nuages apparaissent avant que le point de rosée soit atteint, car même l'atmosphère la plus limpide renferme des particules de poussière et de sel sur lesquelles la vapeur d'eau se condense plus facilement.

☁ TYPES DE NUAGES

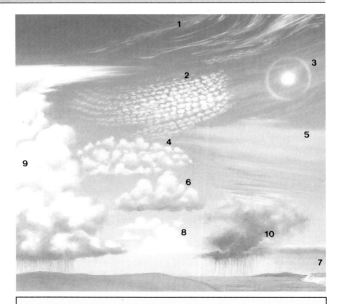

Il existe deux grands types de nuages. Les cumulus, à extension verticale, qui se développent par **convection** : des « bulles » d'air échauffées au contact du sol s'élèvent rapidement dans une atmosphère **instable** favorisant les courants ascendants. Et les stratus, à extension horizontale, qui se forment dans une atmosphère stratifiée **stable** tendant à entraver les courants ascendants. Ils constituent des nappes d'épaisseur et de continuité très variables, certaines étant fractionnées par le vent en rouleaux, rides ou galets. Des courants convectifs au sein·d'une nappe nuageuse engendrent des formations intermédiaires entre ces deux principaux types de nuages. Cirrus (1), cirro-cumulus (2) et cirro-stratus (3) sont des nuages de haute altitude formés de cristaux de glace ; alto-cumulus (4) et alto-stratus (5) des nuages de moyenne altitude ; strato-cumulus (6) et stratus (7) des nuages de basse altitude. Les cumulus peuvent être de petits nuages blancs floconneux d'un blanc éclatant (8) comme ils peuvent aussi former d'énormes tours de nuages gris sombre annonciateurs d'orages (cumulo-nimbus (9)) atteignant la partie supérieure de la troposphère. Les nimbo-stratus (10) sont des nuages de pluie dont la base forme une nappe grise à faible altitude.

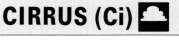

Les cirrus, se formant entre 5 et 11 km d'altitude, sont entièrement composés de cristaux de glace. Ils peuvent se présenter sous forme de petites plages de nuages fins et soyeux ou être modelés par les vents d'altitude en filaments sinueux ressemblant à des mèches de cheveux. Quand ils envahissent le ciel de façon soudaine et spectaculaire, ils sont souvent annonciateurs d'une tempête ou de l'approche d'un front chaud. Une masse d'air chaud en mouvement passe au-dessus d'une masse d'air froid stationnaire et la vapeur d'eau qu'elle contient se condense et se congèle instantanément. Les « boucles » terminales des cirrus correspondent à la chute lente de fines traînées de cristaux de glace. Cirrus, cirro-stratus et cirro-cumulus se forment à des températures inférieures à − 40 °C où les gouttelettes d'eau issues de la condensation de la vapeur d'eau se congèlent immédiatement. Ce sont des nuages qui ont tendance à se développer plutôt qu'à s'évaporer après la phase de cristallisation et qui peuvent persister assez longtemps.

CIRRO-CUMULUS (Cc)

Les cirro-cumulus sont des nuages de l'étage supérieur, apparaissant entre 5 et 11 km d'altitude, composés de cristaux de glace. Ils composent une nappe de petits nuages floconneux régulièrement espacés qui donnent au ciel un aspect « pommelé » rappelant la robe de certains chevaux, marquée de petites taches rondes uniformément réparties. Ils précèdent en général l'approche d'un front et sont donc annonciateurs d'un changement de temps, comme l'indique le dicton « Ciel pommelé, femme fardée, ne sont pas de longue durée ».

CIRRO-STRATUS (Cs)

Les cirro-stratus forment un voile transparent et blanchâtre constitué de cristaux de glace entre 5 et 11 km d'altitude. Ils apparaissent souvent à la suite des cirrus à l'approche d'un front chaud, mais ils sont difficiles à distinguer des brumes de pollution. Toutefois, contrairement à ces brumes résultant de la condensation de vapeur d'eau sur des particules d'agents polluants, les cirro-stratus composés de cristaux de glace ont la propriété de réfracter la lumière et sont reconnaissables aux phénomènes de halo qu'ils engendrent autour du Soleil ou de la Lune.

Nuages blancs ou grisâtres des couches moyennes de la troposphère dont la base se situe entre 2 et 6 km d'altitude, les altocumulus se forment au-dessus des strato-cumulus. Ils peuvent d'ailleurs être issus des régions supérieures de strato-cumulus ou de gros cumulus, ou apparaître dans un ciel clair, lors de l'élévation d'une masse d'air à l'approche d'un front. Principalement composés de gouttelettes d'eau, ils renferment parfois des cristaux de glace dans leur partie supérieure. Selon les mouvements de l'atmosphère, ils peuvent revêtir de multiples aspects, lamelles, rouleaux, galets, etc. Il est souvent difficile de les distinguer des strato-cumulus, mais leurs éléments constitutifs sont en général plus petits, car plus lointains.

ALTOSTRATUS (As)

Les altostratus forment une nappe nuageuse grisâtre ou bleuâtre d'aspect parfois strié, couvrant entièrement ou partiellement le ciel, dont la base se situe entre 2 et 6 km d'altitude. Cette nappe est parfois assez mince pour laisser transparaître la lumière du Soleil, dont on ne peut cependant pas distinguer les contours. Il est principalement composé de gouttelettes d'eau en **surfusion** mais celles-ci se congèlent parfois si elles sont captées par des cristaux de glace tombant de nuages supérieurs. Ils remplacent les cirro-stratus à l'approche d'un front chaud. S'ils épaississent et s'abaissent dans une masse d'air froid et humide, ils se transforment en nimbo-stratus qui donnent des chutes de pluie ou de neige généralement continues.

☁ NIMBO-STRATUS

Les nimbo-stratus constituent une couche nuageuse épaisse et sombre dont la base se situe entre 900 m et 3 km d'altitude. Ils sont accompagnés de chutes continues de pluie ou de neige, selon la température de la couche d'air inférieure. Cette nappe épaisse surmonte en général un ciel de plomb, presque noir et sa base se double de nuages déchiquetés qui défilent rapidement. Les nimbo-stratus se forment quand une couche d'air chaud et humide est contrainte de s'élever au-dessus d'une couche d'air froid ou d'un relief et quand le nuage qui en résulte prend assez d'extension pour que des cristaux de glace apparaissent dans sa partie supérieure. Ils accompagnent le plus souvent les fronts chauds. Ils résultent alors de la transformation d'altostratus qui s'épaississent en s'abaissant dans la couche d'air froid et humide sous-jacente.

STRATO-CUMULUS (Sc)

Les strato-cumulus sont des nuages de basse altitude qui résultent de turbulences engendrées par le vent dans une couche d'air humide proche du sol. Ils ne forment pas, comme les stratus, une nappe grise uniforme, mais un ensemble d'amas nuageux plus ou moins continu, souvent disposés en bandes ou rouleaux parfois séparés par des plages de ciel clair. Quand ils forment une masse plus compacte, ils offrent des contrastes importants entre parties claires et sombres. Ils sont constitués de gouttelettes d'eau et accompagnent souvent l'hiver le déplacement vers le nord de masses d'air chaud et humide. Les strato-cumulus ne forment jamais une couche très épaisse et ne précipitent généralement que sous forme de bruine ou, si la température est inférieure à 0 °C, de chutes de neige légères, mais parfois persistantes. Ils peuvent apparaître quand les régions supérieures des cumulus rencontrent une couche stable d'air chaud et s'étalent : leur base se disperse, laissant une couche de strato-cumulus. Les strato-cumulus peuvent s'épaissir en s'abaissant quand la couche d'air sous-jacente devient plus humide. Au-dessus, l'air est clair et sec.

☁ STRATUS (St)

Les stratus se présentent en couche uniforme grise dont la base se trouve à environ 400 m du sol. Ils se forment dans des conditions atmosphériques **stables**, il faut toutefois un vent de surface brassant bien la couche d'air sous-jacente et lui conservant une température trop élevée pour qu'il y ait condensation. Le brouillard est un stratus qui se forme au niveau du sol en l'absence de turbulences. Inversement, les stratus peuvent résulter de l'élévation du brouillard. Ils forment rarement une couche assez épaisse pour précipiter en pluie, mais peuvent donner une légère bruine, ou de la neige à des altitudes plus élevées. Quand le Soleil est visible au travers de la couche, son contour est nettement discernable. Les stratus peuvent aussi se former sous un véritable nuage de pluie (nimbo-stratus) quand la pluie engendrée par ce nuage atteint une couche d'air plus chaude, s'évapore et augmente l'humidité de cette couche tout en la refroidissant. Ils prennent alors la forme de nuages déchiquetés (fractus) balayés par le vent sous la base de ce nuage.

STRATUS FRACTUS

Les lambeaux de stratus s'élevant du fond d'une vallée ou défilant rapidement à basse altitude sous de gros nuages de pluie sont connus sous le nom de « fractus ». Ils se dispersent peu après leur formation. Sous les nuages de pluie, les fractus sont la matérialisation de poches d'air ascendantes en cours de refroidissement, humidifiées à **saturation** par la pluie qui est en train de tomber.

☁ CUMULUS (Cu)

Les cumulus apparaissent souvent par beau temps. Le réchauffement du sol par le Soleil provoque l'élévation de courants chauds. Chacun de ces courants produit un cumulus en forme de chou-fleur quand l'air en cours d'ascension atteint une température assez basse pour que la vapeur d'eau se condense. Les cumulus sont des nuages dont la netteté des contours s'explique par la formation permanente de micro-gouttelettes alimentée au sein du nuage par les courants ascendants d'air chaud et par l'évaporation rapide de leurs couches externes dans l'air sec environnant. Les petits cumulus de beau temps ne durent pas plus de 15 à 20 minutes, puisqu'ils s'évaporent en s'éloignant de la source d'air chaud qui les alimente. Les cumulus se forment en général dans la matinée, quand le sol se réchauffe, gonflent au cours de la journée, puis se dispersent le soir. Leur base se situe en moyenne à une altitude de 700 m. L'altitude du sommet du nuage est déterminée par la hauteur à laquelle la température de l'air ascendant atteint celle de l'air environnant. Les cumulus sont séparés par les courants descendants qui compensent les courants ascendants et couvrent donc en général moins de la moitié du ciel.

TRAINS DE CUMULUS

Au-dessus de vastes étendues planes, on observe souvent des trains ou allées de cumulus. Des courants d'air ascendants provoquent la formation d'une série de nuages qui sont entraînés les uns à la suite des autres par le vent. Par une journée ensoleillée on peut observer, au-dessus des régions planes, des trains de cumulus parallèles les uns aux autres et s'étendant à perte de vue. Ce type de formation résulte d'une succession de courants d'air ascendants et descendants et de la direction de la brise. Sur les images prises par satellites, on aperçoit souvent de nombreux trains de cumulus au-dessus des océans.

CUMULUS CONGESTUS

Les petits cumulus de beau temps peuvent évoluer en cumulus beaucoup plus importants, appelés cumulus congestus. Ils comptent parmi les nuages les plus fascinants à observer, les courants chauds ascendants ne cessant d'alimenter des bourgeonnements et une extension verticale de plus en plus spectaculaires. Ce développement se poursuit tant que l'air ascendant reste plus chaud et plus léger que l'air environnant. Les cumulus congestus peuvent croître verticalement jusqu'à 3 à 5 km d'altitude, alimentés par de forts courants ascendants dont la vitesse peut atteindre 20 mètres/seconde. Il arrive parfois que leur sommet s'aplanisse et s'étale au contact d'une masse d'air chaud stable mais, contrairement aux cumulo-nimbus, au sein desquels ils peuvent se développer, ce sommet ne renferme pas de cristaux de glace. Sous les climats des latitudes moyennes, les cumulus congestus sont rarement des nuages de pluie, mais peuvent donner de légères averses. Par contre, sous les Tropiques, les gros cumulus se développant en atmosphère très humide sont générateurs de fortes pluies (voir p. 71).

En observant l'évolution de gros cumulus congestus, vous aurez peut-être la chance d'apercevoir l'éphémère pileus, petit nuage vaporeux à sommet arrondi apparaissant de façon fugitive au-dessus d'un cumulus en cours d'extension. Quand le cumulus s'élève en direction d'une couche d'air se déplaçant horizontalement, l'air ascendant qui le précède ouvre une petite brèche dans cette couche avant de la pénétrer. Si l'air est suffisamment humide, un petit nuage se forme au moment où il atteint la crête de cette brèche. Mais le sommet du cumulus le rejoint rapidement et le pileus se fond dans la masse du nuage ascendant.

CUMULO-NIMBUS (Cb)

Des conditions atmosphériques extrêmement **instables** peuvent donner lieu à la formation d'énormes cumulus, aux contours blancs, mais très sombres à leur base, gigantesques tours atteignant la limite supérieure de la troposphère. Ils se développent à partir de gros cumulus dont les bases se situent entre 500 m et 2 km d'altitude et les sommets entre 3 à 6 km. Dans des conditions instables, l'air à l'intérieur de ces nuages est plus chaud que l'air environnant et ils continuent à croître, alimentés par de puissants courants de **convection**. La chaleur engendrée par la condensation d'énormes quantités de vapeur d'eau contribue à entretenir ces courants ascendants. Au sommet de ces nuages, les gouttelettes d'eau se transforment en cristaux de glace qui deviennent de plus en plus gros au fur et à mesure qu'ils captent les gouttelettes d'eau transportées par les courants ascendants. Le dôme bourgeonnant caractéristique du cumulus s'aplatit dès qu'il atteint le point de congélation et s'étale souvent en forme d'enclume sous l'action des vents d'altitude. Les cumulo-nimbus provoquent en général de violents orages accompagnés de fortes averses de pluie ou de grêle.

La face inférieure de l'enclume d'un cumulo-nimbus présente parfois une multitude de renflements correspondant à des poches de cristaux de glace en cours d'effondrement, mis en évidence par les rayons obliques du Soleil quand il est bas sur l'horizon. Ces protubérances baptisées « mamma » en raison de leur ressemblance avec des mamelons, apparaissent à la fin d'une tempête ou peu après. Elles peuvent aussi se manifester à la base du nuage, résultant alors de l'accumulation de fines gouttelettes d'eau en cours de chute.

CUMULUS CASTELLANUS

À la fin d'une journée chaude et ensoleillée, de fines et hautes « tours » de cumulus émergent parfois d'une mince couche nuageuse d'alto-cumulus se formant au-dessus de vallées, d'étroites étendues d'eau ou de vallées. Si l'air est sec, elles s'évaporent rapidement en nuages floconneux. D'étroites colonnes nuageuses peuvent aussi émerger du sommet ou des côtés de gros cumulus. Elles matérialisent chacune un courant ascendant d'air chaud. L'alto-cumulus castellanus est le signe d'une atmosphère instable et précède parfois des orages de chaleur.

NUAGES OROGRAPHIQUES

Les nuages orographiques sont les nuages qui résultent de l'élévation forcée d'une masse d'air au contact d'un obstacle tel un massif montagneux. Les hauts reliefs créent d'excellentes conditions pour la formation de tous types de nuages, qu'ils se développent verticalement en amas (voir p. 50) ou en couches horizontales (voir p. 37). Il existe aussi des formations nuageuses spécifiques aux montagnes. Le nuage qui reste accroché presque en permanence au sommet de certaines montagnes, notamment celles qui sont proches de la mer, provient de l'élévation et du refroidissement d'air humide au contact du versant exposé au vent. Le nuage se forme en haut de ce versant, précipitant souvent en pluie ou neige. Il dépasse habituellement le niveau de la crête qui se trouve ainsi encapuchonnée. Sur le versant où le flux redescend, l'air est en général plus sec, ayant perdu une grande partie de son humidité sous forme de précipitations et donc non propice au prolongement du nuage. Bien que ces capuchons nuageux puissent sembler stationnaires, ils sont en fait constamment renouvelés par le flux d'air.

Un nuage de forme lenticulaire peut se former bien au-dessus d'une montagne quand un courant d'air humide de haute altitude s'élève en passant au-dessus du sommet. En cas de superposition de plusieurs couches d'air humide, on observe des amoncellements de nuages lenticulaires. Ils ressemblent alors étrangement à des « soucoupes volantes » comme ici dans l'Antarctique. On peut aussi observer des séries de nuages lenticulaires au-dessus d'une succession de montagnes lorsqu'une couche d'air stable contrainte de s'élever sur le versant exposé au vent provoque après avoir franchi la crête, des phénomènes ondulatoires appelés « ondes de relief » qui se développent « sous le vent » du relief. La couche d'air suit ces ondes, subissant une élévation et un refroidissement au passage de chaque sommet et provoquant la formation d'un train de nuages lenticulaires de tailles décroissantes.

Les pics élevés isolés n'offrent pas assez de prise au vent pour le contraindre à suivre leurs pentes et à passer par-dessus leurs sommets. Le flux d'air se divise au-dessous du sommet et les turbulences qui en résultent entraînent une légère élévation de l'air sur le versant « sous le vent ». Si le flux d'air est humide, cette élévation suffit à engendrer un nuage effilé par le vent dont la forme rappelle grossièrement celle d'un triangle ou d'une bannière.

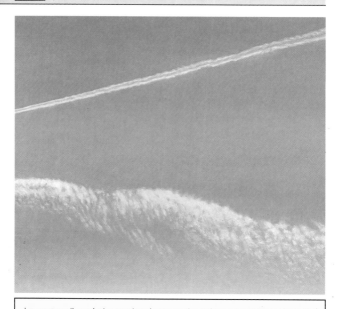

La vapeur d'eau émise par les réacteurs des avions se condense dans leur sillage sous forme de longues traînées blanches appelées « traînées de condensation ». Si l'air est sec, elles se dispersent rapidement. Si l'air est humide, elles persistent longtemps avant de se diluer graduellement dans le ciel. Comme l'air sortant des réacteurs est trop chaud pour se condenser immédiatement, on observe un vide entre ceux-ci et le début des traînées. Quand un avion traverse un nuage, la chaleur des réacteurs produit, par évaporation, des bandes d'air limpide appelées « traînées de dissipation ».

Brouillard et brume ne sont rien d'autre que des nuages qui se forment au ras du sol. Comme tous les autres nuages, ils apparaissent quand la température d'une couche d'air humide descend au-dessous du **point de rosée**. Ceci peut survenir de différentes façons et dans différentes situations. La vapeur d'eau se condense en fines gouttelettes qui restent en suspension dans l'air. Celles qui forment le brouillard font entre 1 et 50 micromètres (μm)* de diamètre ; celles de la brume ont un diamètre inférieur à 1 μm. Pour que la brume ou le brouillard apparaissent, il faut que l'air soit suffisamment calme, mais pas complètement immobile. En météorologie, le brouillard est un état atmosphérique qui limite la visibilité au sol à une distance comprise entre quelques mètres et 1 km. Au-delà de 1 à 2 km de visibilité, on parle de brume. Poussières et fumées en suspension dans l'atmosphère engendrent aussi une brume dite de pollution. Lorsque l'air proche du sol se refroidit et atteint le point de rosée en l'absence totale de vent, il y a formation de rosée. Quand la température de l'air est inférieure à 0 °C, la vapeur d'eau se condense en cristaux de glace, ou givre.

* 1 μm = 0,001 (1/1000) mm

BROUILLARD DE RAYONNEMENT

Le brouillard qui se forme la nuit au-dessus des vallées ou cuvettes humides résulte du refroidissement d'une couche d'air humide quand le sol sous-jacent perd de sa chaleur par rayonnement. Ce type de brouillard, appelé brouillard de rayonnement, n'apparaît que sur les continents et surtout quand les nuits sont longues, en automne et en hiver. Il persiste parfois dans la journée, voir plusieurs jours de suite. En été, le soleil est en général assez chaud pour le dissiper en début de matinée. Il n'apparaît que par temps clair favorisant le refroidissement rapide du sol et lorsque la couche d'air en contact avec le sol n'est que faiblement agitée (déplacements d'1 à 3 m/s). Si l'air est parfaitement immobile, le brouillard ne forme qu'une mince pellicule au ras du sol. Si le vent est trop fort, le brouillard est soulevé, se transformant en stratus. Le brouillard de rayonnement s'accumule en général dans les vallées ou cuvettes, parce que l'air devient plus dense et plus lourd en se refroidissant et glisse au bas des pentes. La couche de brouillard peut atteindre une épaisseur de 300 m, mais est en général plus mince.

BROUILLARD MARIN

Le brouillard marin résulte en général du déplacement lent d'une couche d'air humide et chaud au-dessus d'une surface froide. Le brouillard apparaissant ainsi est appelé brouillard d'advection pour le distinguer du brouillard de rayonnement. Il est courant en mer quand de l'air chaud et humide se déplace au-dessus d'un courant froid. Ainsi l'air chaud et humide du Pacifique transporté par le vent vers la côte ouest de l'Amérique forme un brouillard quasi permanent au large de la Californie au contact du courant Californien qui est un courant froid. Le brouillard d'advection ressemble beaucoup aux stratus, mais apparaît quand la couche d'air proche de la surface est plus calme, reste froide et ne s'élève donc pas, la vitesse du vent avoisinant 4 à 5 m/seconde. Il forme une couche d'environ 100 m d'épaisseur. Le brouillard amené de la mer par le vent se dissipe souvent quand il atteint la surface plus chaude des continents. S'il se forme au-dessus des continents, il tend à se dissiper dans la journée avec le réchauffement du sol et à se reformer la nuit. En cas d'augmentation de ce réchauffement diurne ou de la vitesse du vent, la couche de brouillard peut s'élever et se transformer en stratus, l'air en contact avec la surface devenant plus sec et plus chaud.

Une circulation d'air froid au-dessus d'une étendue d'eau plus chaude entraîne la formation d'un brouillard d'advection. Celui-ci n'apparaît que si l'écart entre la température de l'air et celle de l'eau est important (d'au moins 10 °C). L'évaporation de l'eau engendre une saturation presque immédiate de la couche d'air froid avec condensation de la vapeur d'eau. On observe souvent ce type de brouillard dans l'Arctique quand l'air froid en provenance de la banquise balaie des eaux relativement plus chaudes, dont la surface « fume » littéralement. Il forme en général une nappe assez mince, dont l'épaisseur ne dépasse jamais 15 m. On peut observer un phénomène similaire l'été quand une route chauffée par le Soleil vient de subir une averse soudaine ou quand une couche d'air froid passe au-dessus des eaux plus chaudes des lacs et des rivières.

Pour qu'il y ait formation de givre, il faut que la température de l'air et du sol soit inférieure à 0 °C. Quand l'air refroidi au contact du sol atteint le **point de rosée** à des températures inférieures à 0 °C, la vapeur d'eau qu'il renferme se condense en fins cristaux de glace, formant un étincelant tapis blanc. Ce phénomène se produit couramment après une nuit claire et froide, par temps calme. Les délicates dentelles de givre qui se forment par temps froid sur les vitres résultent aussi de la cristallisation de gouttelettes d'eau en **surfusion**. Les premiers cristaux de glace déclenchent une réaction en chaîne conduisant à l'élaboration de motifs en forme de plumes. Si la température est inférieure à 0 °C, mais que l'air est très sec, on peut craindre le gel, très préjudiciable aux plantes. Le givrage est un autre phénomène dangereux : il s'agit de l'accumulation de givre sur des surfaces au contact desquelles les gouttelettes en surfusion de certains brouillards congèlent instantanément. C'est notamment le cas des parties les plus exposées des avions.

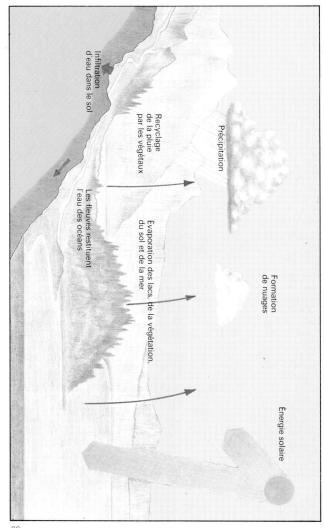

Infiltration
d'eau dans le sol

Recyclage
de la pluie
par les végétaux

Précipitation

Les fleuves restituent
l'eau des océans

Évaporation des lacs, de la végétation,
du sol et de la mer

Formation
de nuages

Énergie solaire

Le cycle de l'eau

Bien que la pluie et son équivalent hivernal, la neige, ne soient pas toujours bien accueillies, elles sont essentielles à la vie. Elles reconstituent les réserves souterraines et remplissent lacs et cours d'eau. Ces précipitations, terme météorologique pour désigner des chutes d'eau en provenance de l'atmosphère sous forme de pluie, neige ou grêle, sont l'aboutissement d'un cycle qui commence avec l'évaporation, sous l'action du Soleil, de l'eau contenue dans les océans, lacs, dans le sol et les végétaux. La vapeur d'eau ainsi libérée dans l'air se condense sous forme de nuages quand celui-ci est amené à s'élever et à refroidir. Mais les nuages ne sont pas tous générateurs de précipitations. On trouve des nuages de pluie le long des surfaces de contacts entre fronts froids et chauds dans les dépressions, quand une couche d'air chaud s'élève au-dessus d'une couche d'air froid, refroidit et se condense. Averses et orages locaux proviennent de gros cumulo-nimbus qui se développent par **convection**. Des nuages de pluie se forment également quand une masse d'air est contrainte de s'élever au contact d'un relief montagneux (nuages orographiques). Comme le montre l'illustration ci-contre, l'air chargé d'humidité venant de l'océan arrive sur la côte. S'il rencontre une barrière montagneuse, il est forcé à l'ascendance et se condense en nuages. Ces nuages prennent en général assez d'extension pour produire, selon la température, pluie ou neige. Aussi les versants des régions côtières sont en général très pluvieux, alors que ceux qui se trouvent **sous le vent** sont beaucoup plus secs. Sous les **latitudes moyennes**, les étendues continentales intérieures sont aussi — au-delà de la ceinture des forêts tropicales humides — plus sèches que les régions côtières.

Les statistiques pluviométriques établies sur une année en un lieu donné permettent de connaître la moyenne annuelle des précipitations de ce site. Les records de pluviosité sont détenus par le Mt Waialeale sur l'île hawaienne de Kauaï avec une hauteur annuelle de précipitations de 11 m et Cherrapungi, en Inde (10 m), où l'essentiel des pluies tombe à la saison des moussons. En comparaison, la hauteur annuelle maximale de précipitations en Europe est de 142 cm.

L'eau est stockée dans des réservoirs naturels – roches, lacs, rivières et océans. L'absence de précipitations, connue sous le nom de sécheresse, peut survenir sous n'importe quel climat et à n'importe quelle époque de l'année. Inversement, un excès de précipitations cause des inondations.

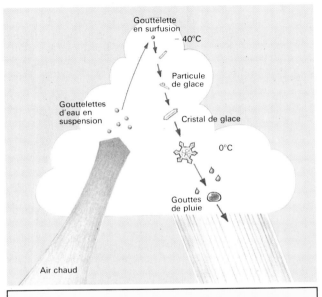

Gouttelette
en surfusion
− 40°C

Particule
de glace

Gouttelettes
d'eau en
suspension

Cristal de glace

0°C

Gouttes
de pluie

Air chaud

Dans la plupart des nuages, les gouttelettes d'eau s'évaporent avant d'avoir pu devenir assez grosses et donc assez lourdes pour tomber sous forme de pluie. La pluie fournie par les nimbo-stratus et les cumulo-nimbus commence en fait son voyage sous forme de cristaux de glace qui se forment dans la partie supérieure de ces nuages. Ces cristaux de glace capturent des gouttelettes d'eau en surfusion et s'agglutinent en flocons de neige. Ceux-ci perdent de plus en plus d'altitude au fur et à mesure que leur taille et leur poids augmentent et fondent en traversant les couches inférieures du nuage. Ces gouttelettes d'eau sont assez grosses pour poursuivre leur chute, au cours de laquelle elles capturent d'autres gouttelettes. Si elles font plus d'1 mm de diamètre en atteignant la base du nuage, elles tombent en pluie. Elles ont la forme de petits beignets ronds aux faces aplaties, en raison de la résistance qu'elles offrent à l'air. Les gouttes les plus grosses (environ 3 mm de diamètre) chute à 8 m/seconde. Elles sont parfois plus grosses, quand elles résultent de la fonte de grêlons ou de flocons de neige non loin du sol.

PLUIES CHAUDES

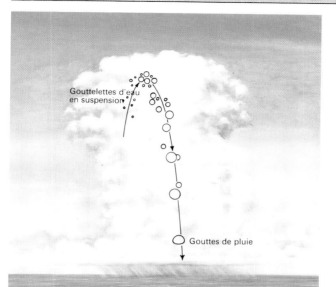

Gouttelettes d'eau en suspension

Gouttes de pluie

Sous les tropiques, des précipitations importantes tombent de nuages dont les régions supérieures ne sont pas assez froides pour qu'il y ait formation de cristaux de glace. Dans ces gros nuages tropicaux, les courants ascendants sont lents, mais réguliers ; les gouttelettes ont une durée de vie assez longue (30-40 minutes) pour fusionner avec d'autres gouttelettes et augmenter ainsi de volume (coalescence) jusqu'à atteindre une taille suffisante pour tomber en pluie. On parle alors de pluies « chaudes », les distinguant ainsi de celles issues de la fonte de cristaux de glace. Ce phénomène se produit aussi l'été dans les zones tempérées, à la fin d'une belle journée quand les courants ascendants (convection) à l'intérieur des cumulus sont ralentis par le rafraîchissement de l'atmosphère. Les cumulus se formant au-dessus des océans peuvent aussi donner des pluies chaudes, car les courants ascendants sont plus faibles au-dessus de l'eau qu'au-dessus du sol, si bien que les gouttelettes ne sont pas expulsées vers l'extérieur du nuage où elles s'évaporeraient, mais ont le temps de grossir.

PLUIES ACIDES

$SO_2 + H_2O \rightarrow$ Acide sulfurique
+
acide sulfureux

Pluies
acides

SO_2

Le dioxyde de soufre qui est rejeté dans l'atmosphère du fait de l'utilisation de combustibles fossiles, notamment du pétrole et du charbon, y est transformé en soufre et acide sulfurique corrosif, nuisible aux végétaux comme aux animaux. Il peut être transporté sur de longues distances avant d'être associé à des chutes de pluie. Ces pluies acides augmentent graduellement l'acidité des lacs, cours d'eau et sols qu'elles arrosent, jusqu'à les rendre stériles. On a pris conscience pour la première fois en Europe de ce phènomène quand toute forme de vie a disparu dans les lacs situés dans l'ouest et le sud de la Scandinavie. Les pluies acides jouent également un rôle essentiel dans le dépérissement des forêts d'Europe centrale. Le dioxyde de soufre a déjà contribué par le passé à l'apparition des fameux brouillards londoniens suffocants qui ont fait des milliers de victimes. Les quantités de dioxyde de soufre émises par les usines et centrales thermiques sont désormais strictement contrôlées. Mais l'air des villes reste acidifié par les gaz d'échappement qui sont responsables de la détérioration des bâtiments en calcaire ou en marbre, comme le Parthénon à Athènes.

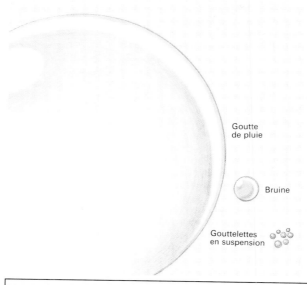

Goutte
de pluie

Bruine

Gouttelettes
en suspension

Les nuages bas et peu épais qui ne peuvent donner de la pluie produisent parfois une fine bruine. Les gouttes de bruine sont petites (100 à 400 µm de diamètre), bien plus fines que les gouttes de pluie (de 1 mm de diamètre et plus). La bruine ne tombe que de nuages très bas : une gouttelette d'eau de 400 µm ne peut en effet tomber que de 100 m environ au travers d'une couche d'air avant de s'évaporer. En revanche, une goutte de pluie de 1 mm peut parcourir 1 km avant de s'évaporer. Les précipitations de bruine ont en général lieu dans un air froid et humide qui ralentit l'évaporation. Pluie ou bruine ne peuvent tomber de nuages minces composés uniquement de microgouttelettes ou de nuages très élevés, car les gouttes d'eau s'évapore-raient avant d'avoir touché le sol. Les traînées de cristaux de glace que l'on voit parfois tomber de nuages de haute altitude s'évaporent avant d'attein-dre la surface.

1 µm = 0,001 (1/1000) mm

AVERSES

Les averses sont considérées comme légères quand elles produisent par heure une quantité d'eau inférieure à 0,5 mm, modérées entre 0,5 et 4 mm, et fortes au-delà de 4 mm. Ce sont des pluies soudaines de courte durée, moins d'une heure ou deux en général, souvent abondantes. Elles proviennent habituellement de gros cumulo-nimbus qui se forment au niveau des fronts froids, ce qui explique qu'elles ne soient pas persistantes. Les gros cumulus peuvent contenir d'énormes quantités d'eau qui se déversent de façon imprévue et violente. Des nuages d'orage isolés peuvent produire des averses si fortes qu'elles provoquent des inondations locales. Les averses annoncent en général la proche disparition d'un nuage, les courants chauds ascendants qui l'alimentent étant dominés par de violents courants froids inverses engendrés par la pluie. Les petits cumulus peuvent aussi donner de légères averses, notamment ceux qui se forment au-dessus de l'océan où les courants de convection sont moins intenses.

Une averse est en général annoncée par des rafales de vent froid en provenance du nuage. Il s'agit du courant descendant engendré au sommet du nuage par la chute des cristaux de glace qui se transforment en pluie.

INONDATIONS

Les inondations ont plusieurs causes. Sur les côtes basses, le plus grand danger est celui des raz-de-marée accompagnant ouragans ou dépressions, d'autant plus destructeurs par marée haute et lorsque les vents sont violents. À l'intérieur des terres, cours d'eau ainsi que réservoirs naturels et artificiels acceptent des chutes de pluie normales, mais débordent quand des quantités d'eau importantes tombent en peu de temps. Les inondations de Florence en novembre 1966, qui ont détruit ou endommagé de nombreuses œuvres d'art, ont été provoquées par une crue de l'Arno au terme d'une journée de pluie continue consécutive à un mois d'octobre plus humide que d'ordinaire. Des inondations moins graves surviennent dans les villes quand des averses soudaines et très localisées engorgent les canalisations d'écoulement des eaux en les obstruant de débris. Les effets de fortes pluies dans les régions montagneuses sont souvent aggravés par des glissements de terrain et des coulées de boue, surtout sur des sols secs et sans arbres dont la capacité d'absorption en eau est limitée, qu'ils aient été desséchés par le Soleil ou gelés en hiver.

LA SÉCHERESSE

En météorologie, on parle de sécheresse en l'absence de précipitations qui auraient dû normalement se produire. En Europe, les besoins en eau sont en général satisfaits par les pluies. Dans nos régions, où les chutes de pluie surviennent plus ou moins régulièrement tout au long de l'année, on entend par « sécheresse absolue » une période d'au moins 15 jours consécutifs sans pluie (ou avec moins de 0,2 mm de pluie par jour). Les sécheresses d'été se produisent quand un anticyclone reste longtemps stationnaire au-dessus de nos pays, tenant à l'écart les dépressions de l'Atlantique qui apportent normalement de la pluie. C'est ainsi qu'un anticyclone station-naire sur l'Europe du nord-ouest en 1976 a provoqué une sécheresse exceptionnelle, tandis que la Méditerranée connaissait un été inhabituelle-ment humide du fait de la déviation des dépressions vers le sud. Dans d'autres parties du monde, la sécheresse survient très régulièrement, entraînant comme en Afrique, une situation de famine permanente. Les pays limitrophes du Sahara, où la vie dépend d'une chute de pluie saisonnière d'environ 200-500 mm, ont connu ces dernières décades plusieurs cycles d'années entièrement sèches.

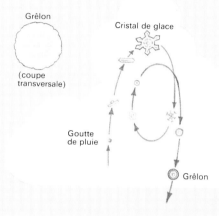

Grêlon

(coupe transversale)

Cristal de glace

Goutte de pluie

Grêlon

Les nuages d'orages (cumulo-nimbus) donnent parfois de la grêle et non de la pluie, même en été. Les grêlons sont des grains de glace plus ou moins ronds. Ils se forment à partir de cristaux de glace brassés verticalement par de violents courants d'air au sein du nuage. Ils capturent ainsi des gouttelettes d'eau qui congèlent à leur contact, formant des couches successives de glace. Ces couches sont transparentes quand elles se forment dans la partie inférieure du nuage, plus chaude, où l'eau congèle plus lentement ; elles sont opaques quand les gouttelettes d'eau se trouvent dans les zones supérieures les plus froides du nuage et congèlent instantanément. Les grêlons font entre 5 et 50 mm de diamètre, mais peuvent être bien plus gros (jusqu'à 19 cm de diamètre). Les violentes tempêtes de grêle se produisent surtout dans les plaines continentales qui offrent des conditions favorables au développement de gros nuages d'orages. Il arrive qu'on trouve au cœur des grêlons des insectes – parfois même des grenouilles – qui ont été aspirés dans le nuage par de puissants courants ascendants. Certains grains de glace ne sont pas entièrement solides, mais formés de neige fondue entourée d'une pellicule de glace ; ce sont des grains de grésil.

LA NEIGE

La neige se forme à une altitude assez élevée, au sommet de nuages très développés. Là, à des températures inférieures à − 40 °C, les gouttelettes d'eau condensent en fins cristaux de glace et attirent à elles d'autres gouttelettes qui cristallisent à leur tour pour former des flocons de neige. Quand ils atteignent un poids suffisant, ils commencent à tomber. Si la température est inférieure à 0 °C du sommet du nuage jusqu'au sol, les flocons demeurent intacts tout au long de leur chute. La neige tombe aussi sous les tropiques, mais seulement sur les hauts sommets. Quand les températures sont si basses que les cristaux ne fondent pas au cours de leur chute et recongèlent quand ils se touchent, la neige est fine et sèche. C'est la poudreuse, idéale pour le ski. Par contre, la neige humide est composée de cristaux qui ont subi un début de fusion et se sont agglomérés entre eux. C'est la meilleure pour faire des boules de neige. La neige humide tombe plus souvent sur les régions maritimes, la neige sèche sur les régions continentales. Il faut 900 mm de neige sèche et seulement 175 mm de neige humide pour obtenir l'équivalent de 25 mm de pluie.

Les cristaux de neige agglomérés en flocons offrent une grande variété de formes — aiguilles, prismes, hexagones et étoiles à six branches — selon la température de l'air qu'ils traversent au cours de leur chute. La symétrie hexagonale, provenant de la structure moléculaire de l'eau gelée est néanmoins un trait qui leur est commun. Les cristaux en forme d'étoiles — représentation classique du « flocon de neige » — portent le nom scientifique de cristaux « dendritiques ». Ils se forment dans une atmosphère assez humide, à des températures inférieures à $-15\,°C$. Il n'existe pas deux cristaux identiques et chaque forme résulte d'une série de phases évolutives d'évaporation, condensation, sublimation (conversion directe de vapeur d'eau en glace) et de déposition autour d'un minuscule noyau de glaciation hexagonal.

LE BLIZZARD

Le blizzard est un vent violent (50 km/h ou plus) accompagné de tourmentes de neige. La neige est balayée horizontalement, s'entassant contre tout obstacle en énormes congères, comblant les voies encaissées à la campagne ou s'accumulant dans les rues des villes, gênant énormément la circulation. Dans l'Arctique et l'Antarctique, le blizzard peut aussi être un vent violent qui soulève et fouette des couches de neige déjà formées. Sous des latitudes plus tempérées, la source d'air à l'origine du blizzard est humide et assez chaude car elle ne pourrait contenir assez d'humidité, si elle était très froide, pour permettre des chutes de neige importantes et persistantes. L'action réfrigérante du blizzard peut être très dangereuse pour les êtres humains. Correctement vêtue, une personne peut supporter sans problème une température d'environ − 28 °C par temps calme. Mais la présence d'un vent de 50 km/h fait tomber cette température de − 28 °C à − 60 °C. L'exposition à de telles conditions provoque rapidement des gelures sur les parties du corps non protégées et peut être fatale.

AVALANCHES

Quand collines et montagnes enneigées sont soumises à un brusque redoux, cette baisse de température provoque une fonte qui déstabilise les couches de neige. Des masses de neige se détachent et glissent, formant des avalanches. Un pan entier de neige peut basculer à partir d'une faille et glisser, ou une coulée de neige se développer en éventail à partir d'un point bien précis. Les avalanches sont parfois déclenchées par la rupture d'une corniche de neige. Elles se produisent fréquemment sur les pentes abruptes à l'occasion de fortes tempêtes de neige, la neige glissant sous son propre poids du fait de son accumulation excessive. Une couche de neige déstabilisée peut être entraînée par le vent, le passage de skieurs ou un bruit violent. Les avalanches dévalent très rapidement les pentes, ensevelissant tout sur leur passage. La neige peut atteindre une vitesse de 80 km/h au niveau du sol et aller encore plus vite quand elle se déplace dans les airs. Le danger est important dans des zones montagneuses peuplées comme les Alpes.

Vents

Les vents matérialisent les mouvements horizontaux de l'air quand il s'écoule d'une zone de haute pression vers une zone de basse pression. À l'échelle planétaire, des courants aériens permanents liés à la redistribution de chaleur entre l'Équateur et les pôles agitent la basse atmosphère (voir p. 21). Ce sont les grands vents réguliers ou Vents Généraux. À l'échelle plus locale, les vents résultent de facteurs variés : mouvements circulaires engendrés par les dépressions (zones de basse pression) et les anticyclones (zones de haute pression) (voir p. 83), mouvements ascendants dus à la présence de reliefs montagneux ou effets de canalisation des vallées (voir p. 92). Dans les grandes agglomérations urbaines, la circulation d'air est influencée par la présence de bâtiments élevés. Les brises résultent souvent de l'échauffement et du refroidissement localisés de l'air dus au réchauffement du sol pendant la journée et à son refroidissement pendant la nuit. L'absence totale de vent est un phénomène rare. Quand il se produit, il est en général associé à la présence d'une zone de haute pression stationnaire. Inversement, les tempêtes qui touchent les côtes ouest de l'Europe en automne et en hiver accompagnent de fortes dépressions en provenance de l'Atlantique. Les vents les plus violents sont ceux qui sont engendrés par cyclones et tornades ou ceux des bourrasques de haute montagne. Les vents sont définis par leur vitesse de déplacement et leur direction. Ainsi, un vent d'ouest est un vent qui souffle d'ouest en est.

Le lieu le plus venté du globe est la Terre Adélie, secteur oriental de l'Antarctique.

Vitesse du vent

La vitesse du vent peut s'exprimer en : m/s, km/s, miles/heure, nœuds (milles marins*/heure) ou degré Beaufort. Elle est déterminée par la force du gradient de pression : plus elle est importante, plus le vent est rapide. Sur une carte météorologique, des isobares rapprochés sont le signe d'un fort gradient de pression et d'un vent violent. Sous l'effet de la force de Coriolis, les vents soufflent parallèlement aux isobares et non perpendiculairement à ces dernières entre zones de basses pressions et de hautes pressions. C'est au cœur des tornades que l'on trouve les vents les plus rapides (jusqu'à 650 km/h, d'après une estimation, les instruments de mesure étant en général détruits). Des vitesses pouvant atteindre 350 km/h sont couramment enregistrées dans les bourrasques soufflant en haute montagne.

* 1 mille marin = 1 852 m

LA FORCE DE CORIOLIS

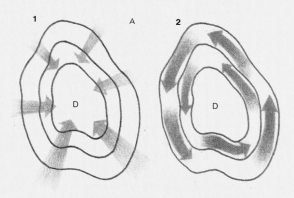

L'air s'écoule naturellement d'une zone de hautes pressions vers une zone de basses pressions. En observant le schéma ci-dessus, on pourrait penser que le vent franchit les isobares (1) pour pénétrer dans les dépressions. En réalité, il s'enroule autour du centre de la dépression parallèlement aux isobares (2). En fait, la rotation de la Terre d'ouest en est entraîne une déviation de tous les mouvements d'air horizontaux vers la droite dans l'hémisphère Nord et vers la gauche dans l'hémisphère Sud (force de Coriolis). Par conséquent, les vents circulent dans le sens des aiguilles d'une montre autour des anticyclones et en sens contraire autour des dépressions dans l'hémisphère Nord, et inversement dans l'hémisphère Sud. Ainsi, (loi de Ballot), si vous êtes dos au vent, la zone de basses pressions (dépression) sera toujours sur votre gauche (dans l'hémisphère Nord). Un changement de direction du vent annonce souvent un changement de temps. Le renversement du vent dans le sens contraire des aiguilles d'une montre annonce l'approche d'une dépression et d'un temps orageux. Un changement de direction inverse annonce en général l'approche d'un anticyclone et d'une période de beau temps.

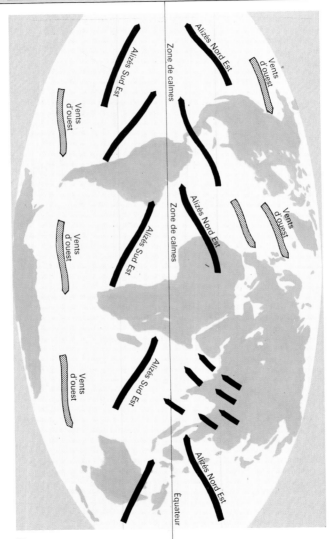

Vents généraux

Les vents généraux reflètent la circulation générale de l'atmosphère et la distribution des zones persistantes de hautes et basses pressions. La carte montre les principaux vents qui soufflent en hiver. On observe à l'Équateur une zone de calmes où les navires restaient immobilisés durant des semaines du temps de la marine à voiles. Jusqu'aux latitudes 30° N et S s'étendent ensuite les alizés. Ces vents réguliers soufflent une grande partie de l'année du nord-est dans l'hémisphère Nord et du sud-est dans l'hémisphère Sud. Au niveau des latitudes 30° N et S, des ceintures anticycloniques engendrent une nouvelle zone de calmes. Au nord, les vents d'ouest balaient violemment Atlantique et Pacifique en hiver, déterminant des changements de temps sur les côtes occidentales de l'Europe et de l'Amérique du Nord. Des vents d'ouest très puissants, les Quarantièmes rugissants, balaient toute l'année l'Océan Austral dans l'hémisphère Sud.

Dans certaines parties du monde, le déplacement des centres de hautes et de basses pressions de l'hiver à l'été entraîne une modification saisonnière des vents dominants. C'est le cas des moussons d'Asie qui soufflent alternativement vers la mer en hiver et vers le continent en été. La carte générale illustre la situation hivernale. Les vents soufflent du nord, en provenance de la zone de hautes pressions centrée sur la chaîne himalayenne. L'été, comme le montre l'illustration ci-dessous, la zone de hautes pressions disparaît et des vents chargés d'humidité soufflent du sud, entraînant des pluies torrentielles.

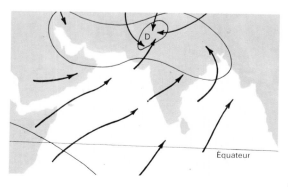

Équateur

![icon] LA BRISE

Une brise est un vent d'une vitesse maximale de 50 km/h (force 1 à 6 sur l'Échelle de Beaufort p. 124-125). Les brises les plus fortes agitent les grosses branches et retournent les parapluies. En mer, elles provoquent la formation de lames avec des crêtes d'écume assez longues accompagnées d'embruns. L'illustration montre les effets d'une brise de Force 5 (30-39 km/h). Une brise assez douce souffle souvent de la mer vers le rivage, notamment sur les côtes tropicales, par temps chaud et ensoleillé. Cette brise de mer, dont la vitesse maximale est de 17 km/h, est due au fait que la terre se réchauffe et se refroidit plus vite que la mer. L'air chaud au-dessus de la terre s'élève, entraînant la pénétration au niveau du sol d'air froid venant de la mer. Les brises de mer sont plus accusées au printemps et en début d'été dans les régions extra-tropicales où l'écart de température entre continent et océan est plus important. Les écarts entre températures diurne et nocturne sont aussi à l'origine du changement de direction des vents le matin et le soir dans les vallées de montagne. Le réchauffement des versants pendant la journée engendre des courants ascendants alors que la nuit l'air froid s'écoule vers le fond de la vallée.

GRAINS ET TEMPÊTES

Entre 62 et 87 km/h (Force 8 à 9 sur l'echelle de Beaufort) les vents sont surnommés, par ordre croissant de violence, « petits grains », « grains » et « gros grains » et au-delà de 88 km/h (Force 10-11) on parle de tempête. L'illustration dépeint les effets d'un grain de Force 8 (62-74 km/h) : les arbres ploient sous le vent qui arrache feuilles et brindilles. Quand la vitesse du vent dépasse 119 km/h (Force 12), la tempête devient ouragan. Il est rare que des vents d'une telle violence sévissent en dehors des cyclones tropicaux. Ceux qui ont touché le sud de la Grande-Bretagne et le nord de la France en octobre 1987 et janvier 1990, causant d'énormes dégâts, accompagnaient une forte dépression qui remontait la Manche en provenance de l'Atlantique. Grains et tempêtes surviennent beaucoup plus souvent en mer que sur terre et sont presque toujours associés à des dépressions apparaissant sur les lignes de fronts entre masses d'air chaud et masses d'air froid.

CYCLONES

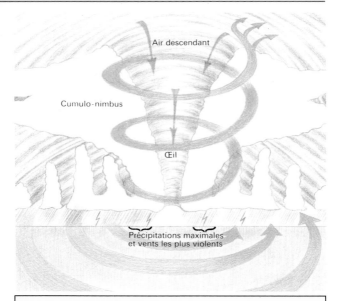

Air descendant

Cumulo-nimbus

Œil

Précipitations maximales
et vents les plus violents

Les cyclones sont des systèmes tourbillonnaires associés à des zones de pressions extrêmement basses qui ne se forment qu'au-dessus des mers tropicales et au sein desquels les vents atteignent souvent des vitesses supérieures à 160 km/h. La tempête tropicale devient cyclone quand les vents réguliers dépassent 119 km/h. La vitesse des vents augmente en direction du centre ou « œil » du cyclone, éclaircie d'environ 11 km de diamètre. La pression au centre est généralement voisine de 950 mb, mais peut aussi descendre jusqu'à 870 mb. L'ensemble du système mesure entre 80 et 800 km de diamètre. Les cyclones ne se forment qu'au-dessus des eaux tropicales car ils réclament une source continue d'air chaud et très humide. La force centrifuge qui se développe au centre du cyclone propulse l'air vers l'extérieur et forme une spirale ascendante autour de l'œil. Un mur de cumulo-nimbus pouvant atteindre 11 km de haut entoure l'œil, produisant des pluies torrentielles de plus de 25 mm par heure. Le passage d'un cyclone se caractérise par des vents de tempête déchaînés suivis d'une période de calme, puis de la reprise de la tempête avec des vents soufflant en direction opposée.

Une tornade est une tempête tourbillonnante très intense se manifestant par un entonnoir nuageux accolé à la base d'un cumulo-nimbus et s'accompagnant de pluie, ou de grêle et de foudre. Quand elle touche le sol, elle détruit tout sur une largeur d'un mètre à un kilomètre, aspirant poussières et débris. La vitesse du vent à l'intérieur d'une tornade est difficile à mesurer, mais est estimée à 660 km/h. La tornade peut s'élever et s'abaisser successivement et ne toucher le sol que de temps à autre sur son passage. Elle tournoie en général dans le sens des aiguilles d'une montre dans l'hémisphère Sud et dans le sens contraire dans l'hémisphère Nord. Elle peut parcourir des centaines de kilomètres. La pointe de l'entonnoir fait environ 15 à 30 m de diamètre. Les dommages que causent ces tornades dévastatrices sont non seulement dus à l'impact direct du vent, intensifié par son mouvement tourbillonnaire, mais aussi aux pressions extrêmement basses qui règnent en leur centre. Quand elles passent au-dessus de bâtiments, elles les font exploser, l'air intérieur à pression normale étant aspiré au dehors.

Colonnes nuageuses tourbillonnantes semblables aux tornades, les trombes se produisent au-dessus des océans. La basse pression régnant à l'intérieur de l'entonnoir aspire l'eau, la faisant remonter jusqu'au nuage d'origine. Les trombes ne durent pas très longtemps (20 minutes maximum) et sont moins violentes que les tornades. On en observe couramment au large des côtes de Floride et leur diamètre est en général compris entre 12 et 24 m. Des entonnoirs d'air tourbillonnant, plus petits et bien moins intenses, se forment souvent au ras du sol, quand celui-ci subit un échauffement rapide. Contrairement aux tornades, ils ne sont pas issus de nuages d'orages, mais des courants d'air ascendants produits par le réchauffement du sol. Des petits vortex se forment au-dessus de l'eau. Sur les sols secs et poussiéreux et dans le désert, on observe des « colonnes de sable ».

RAZ-DE-MARÉE

Les raz-de-marée sont des vagues de dimensions exceptionnelles qui déferlent sur le rivage et inondent les côtes basses. Ce phénomène n'est pas dû à la marée, contrairement à son nom. Il est provoqué par le passage rapide au-dessus de l'océan d'une forte dépression souvent accompagnée de cyclones. Il en résulte une brusque variation de pression qui provoque la formation dans l'océan d'une « onde de tempête » qui peut prendre de plus en plus d'amplitude en étant poussée vers le littoral. En Europe, les côtes basses des Pays-Bas et de l'est de l'Angleterre sont particulièrement exposées, surtout quand cette onde de tempête est associée à la marée haute. En 1953, un raz-de-marée a entraîné la rupture des digues hollandaises et anglaises, élevant le niveau des eaux à marée haute de plus de 3 m et faisant des milliers de victimes. Des raz-de-marée provoqués par les cyclones tropicaux dévastent régulièrement les régions côtières du Bangladesh. Ce phénomène, résultant de la combinaison du vent, de la marée et de variations de pression ne doit pas être confondu avec les « tsunamis », énormes vagues pouvant atteindre 67 m de haut provoquées par des tremblements de terre se produisant sous la mer.

🖉 VENTS LOCAUX

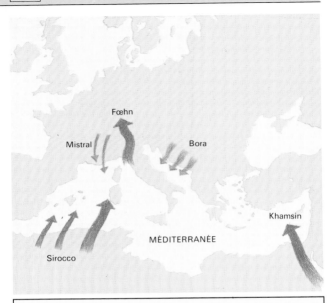

La configuration du sol et les variations de pression et de température qui en résultent engendrent des vents locaux et saisonniers dans de nombreuses parties du monde. Ainsi, en Europe, le mistral est un vent violent, froid et sec, qui est engendré par les dépressions du golfe de Gênes et prend naissance au nord du Massif Central, balayant la vallée du Rhône jusqu'à la côte méditerranéenne. Résultant aussi de dépressions localisées au-dessus de la Méditerranée, le sirocco est un vent du sud d'origine saharienne extrêmement chaud et sec. Il a toutefois beaucoup perdu de sa violence quand il atteint l'Europe après s'être chargé d'humidité au-dessus de la Méditerranée. Dans les Alpes, un vent du sud subit, en dévalant les pentes septentrionales, un tel effet de compression qu'il devient beaucoup plus chaud et sec, pouvant entraîner en l'espace d'une heure une élévation de température de 10 à 15 °C dans la vallée : c'est le fœhn, tant redouté. L'air peut rester ainsi exceptionnellement sec pendant plusieurs jours, avec des risques d'incendies l'été, du fait du dessèchement de la végétation, et d'avalanches l'hiver du fait de la fonte subite de la neige. Il aurait des effets perturbateurs sur l'équilibre psychologique de certaines personnes.

LA COULEUR DU CIEL

Le ciel semble bleu parce que la lumière du Soleil est dispersée par les molécules de l'air et les poussières atmosphériques. Les longueurs d'onde les plus courtes de la lumière – l'extrémité bleue du spectre – sont celles qui sont le plus dispersées. En dehors de la trajectoire directe de la lumière solaire, le ciel nous apparaît donc bleu, comme les rayons bleus dispersés nous parviennent de toutes les parties du ciel. Plus la trajectoire de la lumière solaire au travers de la basse atmosphère est courte et plus l'atmosphère est propre, et le ciel bleu, car seuls les rayons bleus sont dispersés. La lumière directe est jaune, parce que les longueurs d'onde plus longues (rouges) du rayonnement solaire nous atteignent directement avec peu de dispersion. Mais lorsque le Soleil est proche de l'horizon, en fin de journée par exemple, il nous paraît plus rouge et moins lumineux car ses rayons doivent traverser une plus grande épaisseur d'atmosphère avant de nous parvenir. La coloration du ciel en rouge et orangé est également due à la dispersion des longueurs d'ondes assez longues. Un ciel pollué est souvent brumeux et rougeâtre, l'accroissement du nombre et de la taille des particules en suspension dispersant les longueurs d'ondes assez longues.

L'ARC-EN-CIEL

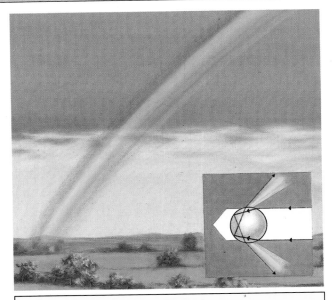

Quand le soleil brille au travers d'une averse, sa lumière, réfractée et réfléchie par des millions de gouttelettes, est décomposée dans toutes les couleurs du spectre. Le rayon lumineux est légèrement dévié quand il pénètre dans une goutte de pluie (réfraction) puis est réfléchi vers l'observateur par la paroi arrière courbe de la goutte. Les rayons de différentes longueurs d'ondes sont déviés sous des angles différents, les couleurs étant ainsi clairement séparées, du rouge à l'extérieur, au violet à l'intérieur. Bien que chaque goutte réfracte la totalité du spectre, l'observateur voit les rayons violets réfléchis par un ensemble de gouttes, les jaunes réfléchis par un autre ensemble, et ainsi de suite, en raison des divers angles de réfraction. L'arc-en-ciel appartient à un cercle imaginaire dont l'ombre de la tête de l'observateur serait le centre. Nous percevons tous différemment le même arc-en-ciel, que nous ne pouvons d'ailleurs jamais atteindre étant donné qu'il se déplace en même temps que nous et que notre angle d'observation se modifie sans cesse. Parfois, la lumière est réfléchie dans deux directions différentes par les gouttes d'eau et l'on peut apercevoir un second arc-en-ciel à l'extérieur du premier où les couleurs, moins éclatantes, sont inversées.

LE SPECTRE DU BROCKEN

Les alpinistes aperçoivent parfois les ombres agrandies de leurs silhouettes ou d'autres objets projetées sur un banc de nuages ou de brouillard situé en contrebas quand ils tournent le dos au soleil et que celui-ci est proche de l'horizon. L'ombre est grossie par diffusion au travers d'une couche assez épaisse de gouttelettes d'eau. Cet étrange phénomène, bien que visible en tout autre lieu de haute montagne, a reçu le nom du point culminant du massif du Harz en Allemagne, le Brocken. L'ombre est auréolée d'un halo irisé dû à la diffraction et à la réflexion de la lumière du Soleil par les minuscules gouttelettes du nuage ou du brouillard. L'observateur ne peut percevoir cette auréole qu'autour de sa propre ombre et non autour de celles de ses compagnons. Ce genre de halo est souvent visible autour de l'ombre d'un avion projetée sur la couche nuageuse qu'il survole.

LE PILIER SOLAIRE

Plusieurs phénomènes optiques sont observables autour du Soleil du fait de la réfraction et de la réflexion de sa lumière sur des cristaux de glace en suspension dans l'atmosphère. Les piliers solaires sont des faisceaux de lumière verticaux partant du sommet et de la base du Soleil quand il est bas sur l'horizon : ils sont dus à la réflexion de la lumière sur d'assez gros cristaux de glace. La réfraction de la lumière au travers de cristaux prismatiques de plus petite taille crée toute une variété d'effets. Les plus courants sont les halos que l'on observe autour du Soleil et de la Lune quand ils sont voilés par un fin nuage de cristaux de glace (voir p. 43). Habituellement blancs, ces halos sont parfois colorés, les teintes bleues étant alors à l'extérieur du cercle et les rouges à l'intérieur. Si les cristaux de glace s'orientent parallèlement les uns aux autres en tombant, les rayons réfractés se combinent pour produire d'intenses taches lumineuses – parhélies ou faux soleils – de part et d'autre du Soleil, à l'extrémité du rayon du halo ou juste à l'extérieur de celui-ci.

Les auréoles lumineuses diffuses, délicatement teintées, apparaissant parfois autour du Soleil et de la Lune, sont appelées « couronnes ». Contrairement aux halos, elles se forment quand Lune ou Soleil sont légèrement voilés par un fin nuage ou brouillard de gouttelettes d'eau. Ces gouttelettes diffractent les rayons lumineux en tous sens autour d'elles, créant des systèmes d'interférences complexes qui sont à l'origine de l'effet irisé.

MIRAGES

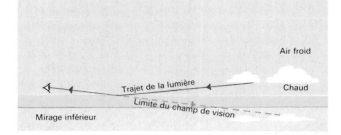

Air froid

Chaud

Trajet de la lumière

Limite du champ de vision

Mirage inférieur

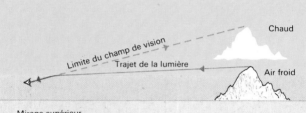

Chaud

Limite du champ de vision

Trajet de la lumière

Air froid

Mirage supérieur

Les mirages sont des phénomènes d'optique. Ils apparaissent quand la lumière reflétée par un objet distant est réfractée et reflétée en passant d'une couche d'air chaud à une couche d'air froide et pénètre donc dans l'œil sous un angle inhabituel. L'œil est trompé en pensant que la lumière vient effectivement du point qu'il fixe et « voit » donc l'image à cet endroit. Les mirages inférieurs se produisent quand la couche d'air située au niveau du sol est très chaude. La lumière réfléchie par les nuages est réfléchie au-delà de la limite entre la couche d'air chaud et la couche d'air plus froid qui la surmonte (voir illustration en haut) et pénètre l'œil sous un angle qui lui fait voir l'image au loin au niveau du sol. Les mirages supérieurs apparaissent quand il fait froid. La lumière réfléchie par un objet distant est réfractée vers le bas sur la partie supérieure de la couche d'air froid et dense proche du sol (illustration en bas), l'œil percevant alors l'objet assez haut dans le ciel. Des objets se trouvant en fait en dessous de l'horizon peuvent ainsi devenir visibles, ce phénomène expliquant les couchers de soleil à répétition dans l'Arctique et l'Antarctique.

L'aurore boréale est plus souvent observable dans l'hémisphère Nord à des latitudes supérieures à 70°. Elle est due à la luminescence de la haute atmosphère sous l'action de particules électrisées émises par le Soleil et piégées par le champ magnétique de la Terre. Elle peut se manifester sous forme de voile lumineux diffus, de rayons isolés ou de rideaux ou rubans de lumière ondulants, blancs ou multicolores. Un spectacle similaire, l'aurore australe, peut être observé dans l'hémisphère Sud.

Orages

Les orages comptent parmi les spectacles naturels les plus impressionnants. Le ciel s'assombrit brusquement, des éclairs déchirent le ciel au milieu de pluies torrentielles, suivis de formidables coups de tonnerre. Ces phénomènes sont engendrés par de gigantesques cumulo-nimbus de 5 km environ de large et 5 à 10 km de haut, se dissipant parfois au bout d'une heure seulement. Les orages les plus brefs, ne se manifestant parfois que par quelques grondements de tonnerre, sont provoqués par des cumulo-nimbus de faible altitude, souvent associés aux fronts froids, et ce toute l'année. Par contre, les orages de longue durée ont souvent lieu en fin d'été, quand l'air chaud ascendant pénètre une couche instable et forme des nuages à assez haute altitude. Ces conditions favorisent le renouvellement permanent des nuages d'orages.

Leur accumulation décuple la puissance de leurs courants ascendants et l'orage est précédé d'une courte période de calme ou d'un vent léger soufflant dans la direction de la masse nuageuse. Quand le nuage d'orage a atteint son extension maximale en altitude, un violent courant descendant se forme, entraînant de fortes chutes de pluie ou de grêle à partir du sommet congelé aplati du nuage (l'enclume). Les précipitations sont en général assez brèves, mais intenses, et peuvent provoquer des inondations. Le courant descendant d'air froid finit par étouffer le courant chaud ascendant alimentant le nuage.

La foudre, produite par la séparation des charges électriques à l'intérieur du nuage, se manifeste sous la forme d'éclairs atteignant parfois le sol. Ces décharges électriques échauffent l'air qui se dilate violemment. Cette expansion engendre une onde de choc, le tonnerre. On peut estimer grossièrement la distance à laquelle se trouve l'orage en comptant le nombre de secondes séparant l'éclair du coup de tonnerre. En effet, la lumière de l'éclair nous parvient aussitôt, alors que le son se déplace de 330 m par seconde. Si l'orage se trouve à un kilomètre de distance, vous entendrez donc le tonnerre 3 secondes après avoir vu l'éclair. Le roulement de tonnerre suivant souvent la première détonation est dû aux ondes de choc successives produites sur toute la longueur du trajet de l'éclair.

La foudre cherche le trajet le plus court pour atteindre le sol, donc un point élevé : arbres ou individus isolés au milieu d'un endroit dégagé courent donc plus le risque d'être touchés, de même que les bâtiments élevés non protégés par un paratonnerre. Une voiture est un abri sûr en cas d'orage, si l'on n'en touche pas les parties métalliques.

LA FOUDRE

La foudre est la manifestation de l'activité électrique d'un nuage. Dans un gros nuage d'orage, les charges électriques se séparent, le haut du nuage étant chargé d'électricité positive et le bas de l'électricité négative. La foudre résulte de l'attraction de charges électriques contraires à l'intérieur d'un nuage, entre deux nuages ou entre un nuage et le sol. Dans ce dernier cas, une première décharge « pilote » se fraye un passage vers le sol, progressant par bonds successifs à travers l'air, mauvais conducteur électrique, et dessinant ainsi un canal ionisé ramifié. Lorsqu'elle atteint le sol, une forte décharge « en retour » parcourt ce canal en un mouvement de va-et-vient pouvant atteindre 140 000 km/s et le réchauffe brutalement à des températures de l'ordre de 30 000 °C, se manifestant sous la forme d'un éclair aveuglant. Les éclairs diffus ou éclairs « en nappes » sont des éclairs ramifiés dont on ne perçoit que le reflet dans les nuages. La foudre peut aussi prendre la forme d'une boule de feu, phénomène qui n'a pas encore d'explication scientifique.

CLIMATS

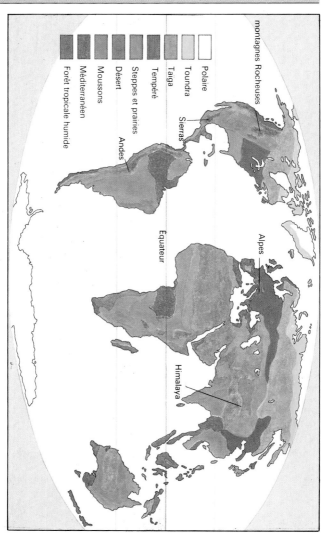

montagnes Rocheuses

Sierras

Andes

Équateur

Alpes

Himalaya

Forêt tropicale humide
Méditerranéen
Moussons
Désert
Steppes et prairies
Tempéré
Taïga
Toundra
Polaire

102

Climats

Le climat d'un lieu est l'ensemble des conditions météorologiques auquel il est régulièrement soumis en l'espace d'une année. Les principaux éléments du climat sont les moyennes de températures et de précipitations. L'éloignement de l'Équateur – ou latitude – joue également un rôle essentiel, car il détermine non seulement la température moyenne, mais aussi le caractère plus ou moins marqué des saisons. Comme la surface du globe est courbe, la concentration du rayonnement solaire diminue de l'Équateur vers les pôles (voir p. 17). En outre, étant donné l'inclinaison de la Terre sur son axe, la quantité de chaleur reçue aux pôles ainsi qu'aux latitudes moyennes Nord et Sud (entre 40° et 60°) varie également au cours de l'année, c'est-à-dire d'une révolution de la Terre autour du Soleil. Les différences de longueur entre jour et nuit et les écarts de températures à différentes époques de l'année déterminent la succession de saisons connaissant chacune des conditions météorologiques bien particulières. À l'Équateur, en revanche, longueur du jour et température restent pratiquement constantes tout au long de l'année.

Sous une même latitude, les climats varient en fonction de l'éloignement de la mer et de la présence de barrières montagneuses élevées arrêtant les nuages. Les régions maritimes connaissent des écarts de température moins prononcés et sont plus arrosées que les régions continentales, en raison du rôle régulateur de l'océan. Celui-ci se réchauffe et se refroidit beaucoup plus lentement que la terre, tempérant la saison la plus chaude et adoucissant la saison la plus froide. À l'échelle locale, un courant océanique chaud peut rendre le climat d'une région bien plus doux qu'il ne le serait normalement à cette latitude.

La combinaison des températures et des précipitations et leur variation au cours de l'année déterminent des zones de végétation associées aux zones climatiques (voir carte ci-contre) : polaire, **toundra** ; tempéré froid, **taïga** ; tempéré chaud, **méditerranéen** ; continental sec, **prairie, steppe** et **savane** ; tropical humide, **forêt tropicale** et **désert**.

Les climats polaires arctique et antarctique se distinguent par une température moyenne inférieure à 0 °C durant le mois le plus chaud. L'Arctique est un océan recouvert d'un amas de glaces flottantes entouré de continents recouvert de glace isolé au milieu de l'océan. L'air y est froid et sec, et les précipitations rares. Comme neige et glace réfléchissent l'essentiel du rayonnement solaire, les températures estivales restent basses. Ces conditions se retrouvent au sommet des hautes montagnes situées en dehors des régions polaires. Au niveau des pôles, une nuit longue de six mois, l'« hiver » alterne avec une période de jour durant six mois, l'« été ». Il n'existe aucun autre endroit au monde où les conditions soient plus rigoureuses que sur le plateau antarctique. À la base soviétique de Vodstok, à 3 000 m d'altitude, la température moyenne est de − 57 °C, celle du mois de juillet (hiver antarctique) pouvant descendre jusqu'à −88 °C. Aucune chute de neige n'y a jamais été enregistrée. Étant donné la rigueur extrême de son climat, l'intérieur du continent n'abrite aucune vie, mammifères marins et oiseaux se concentrent sur les bordures maritimes, plus clémentes.

Dans l'Arctique, les étendues se trouvant juste au-delà de la calotte glaciaire permanente forment la toundra, vaste plaine dépourvue d'arbres. Si la température moyenne du mois le plus chaud s'élève au-dessus de 0 °C, elle ne dépasse jamais 10 °C. Si le sol reste alors gelé à un mètre de profondeur, la neige fond et mousses, lichens, plantes vivaces à fleurs et quelques arbustes nains se développent en surface. Cette végétation est adaptée à la brièveté de l'été, dont la durée n'excède pas deux mois. En hiver, la couche permanente de neige contribue à la protéger des basses températures (jusqu'à − 30 °C en janvier). En dépit de la faiblesse des précipitations (inférieures en général à 250 mm par an), le sol reste humide, la neige fondue ne pouvant traverser le sous-sol gelé ou s'évaporer dans l'air froid. On trouve un type similaire de végétation en haute montagne aux latitudes plus basses. Dans les Alpes, cette zone de « toundra » se situe à une altitude d'environ 3 000 m.

LA TAÏGA

Au sud de la toundra, s'étend la taïga, zone recouverte de forêts de conifères, parfois mêlés d'arbres caducs assez résistants, comme les saules et les bouleaux. Elle est définie par une température moyenne supérieure à 10 °C pour le mois le plus chaud (juillet) et une température moyenne inférieure à − 3 °C pour le mois le plus froid. Elle couvre les régions centrales de la Scandinavie, de la Russie et du Canada. De longs hivers, froids et secs, y sont suivis d'un été bref. Les précipitations – pluie ou neige – sont concentrées essentiellement sur une période allant de mai à octobre et c'est dans les régions continentales intérieures que l'on relève les écarts de températures les plus prononcés entre hiver et été. Celles-ci s'étalent couramment de 30 °C en juillet à − 30 °C en janvier.

LE CLIMAT TEMPÉRÉ

La majeure partie de l'Europe bénéficie d'un climat tempéré, caractérisé par une température moyenne supérieure à 10 °C pour le mois le plus chaud et de la pluie (ou de la neige, l'hiver) tout au long de l'année, sans grande différence entre hiver et été. À Paris et à Londres, par exemple, la période la plus sèche est le printemps (environ 42 mm de pluie en avril) et la plus humide englobe l'automne et l'hiver (56 mm en janvier à Paris, et 58 mm en octobre à Londres). À l'intérieur de ce grand domaine climatique, des différences apparaissent entre les climats maritimes plus humides, plus doux et plus changeants de l'ouest de l'Europe, du nord-ouest de l'Amérique du Nord et les climats continentaux de la partie centrale de l'Europe et des parties orientales de l'Amérique du Nord et de l'Asie. La couverture végétale naturelle de l'Europe et de l'est de l'Amérique du Nord est la forêt composée d'espèces caduques, en grande partie supprimée au profit de terres agricoles ; dans le nord-ouest de l'Amérique du Nord, à climat doux, c'est la forêt de conifères qui prédomine, avec quelques-uns des plus grands spécimens du monde.

Autour de la Méditerranée, le climat se caractérise par des étés chauds et secs et des hivers doux et humides, avec des températures moyennes estivales comprises entre 20 et 27 °C et des températures moyennes hivernales comprises entre 4° et 13 °C. Les précipitations, dont la hauteur moyenne se situe entre 10 et 80 cm par an, ont surtout lieu en hiver, entre novembre et mars. Il neige rarement, mais les gelées nocturnes ne sont pas exclues. On trouve également ce type de climat en Californie, dans certaines parties du Chili, en Afrique du Sud et dans le sud-ouest de l'Australie. La couverture végétale naturelle est constituée d'espèces persistantes : chênes verts, chênes-lièges et conifères (principalement des pins). Mais des siècles de déforestation, au profit de pâturages, ont en grande partie remplacé cette forêt par le maquis (arbustes nains et bosquets de petits arbres). Plusieurs vents locaux soufflent sur le bassin méditerranéen. Outre le Mistral et le Sirocco, le Bora, vent froid du nord-est souffle de l'intérieur de l'ex-Yougoslavie vers les régions septentrionales de l'Adriatique, la Tramontane, froide et sèche, balaie la côte méditerranéenne de l'Espagne et le Levantin, vent d'est humide, traverse la Méditerranée jusqu'au détroit de Gibraltar.

Les steppes et prairies de l'hémisphère Nord s'étendent à l'intérieur de l'Amérique du Nord et de l'Eurasie, dans des zones situées à l'abri des vents humides, que ce soit à cause de la présence des Rocheuses ou de la distance par rapport à l'océan. Ces régions connaissent de longs hivers rigoureux avec des températures inférieures à 0 °C et des étés chauds avec des températures comprises entre 16 et 20 °C. La hauteur annuelle de précipitations (pluie et neige) ne dépassant pas 100 cm, ce climat est en général trop sec pour permettre un bon développement des arbres et la formation d'une couverture forestière permanente. Graminées et fleurs sauvages constituent donc la végétation naturelle. Le veldt en Afrique du Sud, les pampas d'Amérique du Sud et les plaines australiennes sont des prairies tempérées. Les savanes africaines, s'étendant entre la forêt équatoriale et le Sahara, sont un exemple de prairies tropicales. En bordure du désert, les précipitations annuelles sont très faibles (25-50 cm), très saisonnières, et les températures estivales atteignent 40 °C. Les précipitations atteignent 90-150 cm par an plus près de l'Équateur, mais les températures élevées entraînent l'évaporation de la plupart de cette eau et le sol reste sec.

LA FORÊT TROPICALE

De part et d'autre de l'Équateur, entre 5° de latitude S et 10° de latitude N environ, des précipitations annuelles de 200 à 400 cm et des températures avoisinant en permanence 27 °C entretiennent la luxuriante forêt tropicale. Comme il n'existe pas d'écarts saisonniers marqués, le développement de la végétation ne connaît aucun temps d'arrêt. Les fortes précipitations viennent des cumulus qui se forment continuellement dans l'air chaud qui s'élève au niveau de l'Équateur (voir p. 20) et les orages sont fréquents. La forêt tropicale s'étend principalement dans le bassin amazonien en Amérique du Sud, le bassin du Zaïre en Afrique et dans le sud-est asiatique, de Ceylan à la Thaïlande en passant par les Philippines et la Malaisie jusqu'à la Nouvelle-Guinée et l'extrême nord-est de l'Australie. Sa destruction massive devient alarmante.

Les déserts s'étendent sous des zones de hautes pressions atmosphériques quasi permanentes ou dans des régions tenues à l'abri des vents humides par de hautes barrières montagneuses. Les précipitations annuelles, inférieures à 10 cm, sont irrégulières et s'évaporent rapidement. Le désert d'Acatama, sur la côte ouest de l'Amérique du Sud reçoit moins de 2 cm de pluie par an. Certaines zones n'ont pratiquement pas reçu de pluie depuis des siècles. Les températures des déserts chauds grimpent jusqu'à plus de 40° dans la journée l'été, mais les nuits y sont froides, car la déperdition de chaleur du sol dénudé est facilitée par la sécheresse de l'air. Les plantes du désert sont adaptées au manque d'eau, que ce soit les succulentes comme les cactus, les buissons épineux ou les annuelles dont les graines attendent les rares pluies pour germer. Le plus grand désert du monde est le Sahara avec ses dunes qui se déplacent sans cesse sous l'action des vents et un record de température de 57,8 °C. Les principaux déserts chauds sont le désert central australien, l'Acatama en Amérique du Sud et le Kalahari en Afrique. Le désert de Gobi en Asie centrale et les déserts nord-américains de Californie, d'Arizona et du Mexique sont parfois qualifiés de déserts « froids » en raison de leurs basses températures hivernales.

Prévisions météorologiques

Avant de critiquer les prévisions météorologiques – celles qui sont établies à court terme sont aussi précises que possible – mieux vaudrait tenir compte des conditions locales influençant le temps et pouvoir ainsi les interpréter correctement.

Les prévisions fournies par la Météorologie Nationale sont basées sur la collecte d'informations aussi nombreuses que possible sur les conditions atmosphériques et météorologiques auprès d'un nombre maximum de centres météorologiques. À des heures déterminées, les données enregistrées par les stations météorologiques sont transmises aux centres régionaux et nationaux. Ces renseignements introduits dans des ordinateurs sont rapidement transcrits sur des cartes donnant une image instantanée des conditions atmosphériques à une heure donnée. Comme le temps ne s'arrête pas aux frontières nationales, les centres météorologiques du monde entier sont reliés à un réseau international et échangent des informations. Après traitement de toutes ces informations, des météorologistes expérimentés tracent les isobares et les fronts et établissent une prévision du temps qu'il va faire dans une région déterminée sur une période allant de quelques heures à plusieurs jours. De nos jours, leur tâche est considérablement facilitée par ordinateurs et satellites.

Les prévisions quotidiennes, nationales ou régionales, sont divulguées par la presse, la télévision et la radio, des prévisions plus affinées ou plus localisées étant établies pour ceux dont le travail – voire la vie – dépend du temps.

Les données brutes servant de base aux prévisions proviennent de stations météorologiques basées sur terre, des navires et des ballons-sondes transportant des instruments de mesure jusque dans la haute troposphère et de satellites observant la Terre de l'espace.

Sachez prévoir vous-même le temps

Inutile d'avoir recours à un satellite pour observer le temps. Quelques instruments de mesures simples suffisent à la tenue d'un agenda météorologique : baromètre pour mesurer la pression atmosphérique et thermomètre à maxima et minima pour mesurer la température sont les deux outils de base. Il est facile de fabriquer un pluviomètre pour mesurer les précipitations et d'estimer la vitesse du vent à l'aide de l'échelle de Beaufort (p. 124-125). Apprendre à reconnaître les différents types de nuages et à mesurer du regard la couverture nuageuse est également à la portée de tous.

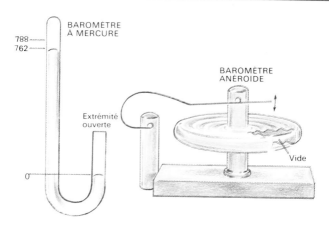

mb	965	982	999	1 016	1 033
mm	724	737	749	762	775

Pour mesurer la pression atmosphérique, on se sert d'un baromètre à mercure ou d'un baromètre anéroïde. Dans le premier cas, elle est déterminée par la hauteur d'une colonne de mercure, dans le second cas, par les déformations du couvercle d'une petite boîte métallique étanche dans laquelle on a fait un vide partiel. Le baromètre anéroïde est un peu moins précis, mais d'emploi plus facile. Ne tenez pas compte des indications « pluvieux », « changeant » et « beau » portées sur les cadrans des baromètres domestiques ; elles sont souvent trompeuses. Bien qu'une pression élevée soit souvent signe de beau temps et une pression faible signe de mauvais temps, il n'en est pas toujours ainsi et ce sont les variations de pression plutôt que les pressions absolues qui vous aideront à prévoir le temps. À moins que vous ne vous trouviez au niveau de la mer, il vous faudra étalonner le baromètre en fonction de la variation de pression liée à l'altitude de façon à pouvoir comparer vos relevés avec ceux du service météorologique. Faites-vous aider par votre centre météorologique local. Les baromètres modernes sont gradués en millibars (à partir de 950-1050 mb environ) ; les instruments plus anciens affichent l'équivalent en mm (700-787) de mercure.

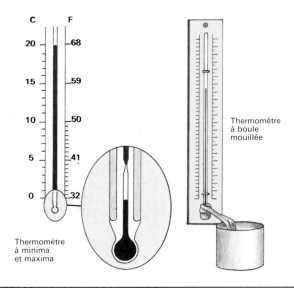

Thermomètre
à boule
mouillée

Thermomètre
à minima
et maxima

On mesure la température de l'air à l'aide d'un thermomètre placé à l'extérieur dans un endroit aéré mais abrité du soleil. Les thermomètres à mercure sont les plus couramment utilisés, mais comme le mercure gèle à − 39,87 °C, on se sert de thermomètres à alcool pour mesurer des températures inférieures. La température est indiquée en degrés Celsius (°C) ou degrés Fahrenheit (°F) (conversion de °F en °C : $t_c = 5/9$ (°F − 32)). Pour protéger les thermomètres de l'effet d'échauffement du soleil, on les place en général derrière un « écran Stevenson », casiers à parois lamellées blanches des stations météorologiques. Sous un climat constant, un thermomètre à minima et à maxima, où les températures extrêmes des 24 h précédentes restent affichées, peut s'avérer utile. Le thermomètre « à boule mouillée » servant à mesurer l'humidité est un thermomètre à mercure dont la boule est recouverte d'une mousseline maintenue humide par un réservoir d'eau. Si l'air est sec, l'eau s'évapore rapidement de la mousseline, rafraîchissant le thermomètre ; s'il est saturé, il n'y a pas d'évaporation et le thermomètre enregistre la température de l'air ambiant. Les relevés sont comparés à ceux effectués avec un thermomètre ordinaire « à boule sèche » et la différence convertie en lecture d'humidité à l'aide de tables hygrométriques.

1

Pluviomètre

Outre le baromètre (placé en général à l'intérieur) et une gamme de thermomètres mis à l'abri derrière leur écran Stevenson, une station météorologique de base possède aussi un pluviomètre (1) pour mesurer les précipitations. Il s'agit d'un récipient métallique dont l'ouverture supérieure est en forme d'entonnoir, placé dans un endroit dégagé et vidé à intervalles réguliers. En mesurant l'eau recueillie on détermine la hauteur (en mm) des précipitations (pluie ou neige) par mètre carré pour une période donnée, sans tenir compte de son infiltration dans le sol ou de son évaporation. Il est facile de construire son propre pluviomètre. La mesure de la couverture nuageuse ne fait appel, quant à elle, qu'à la seule observation visuelle, basée sur un découpage du ciel en huitièmes (octas). Une valeur de 0/8 indique un ciel dégagé ; de 8/8 un ciel entièrement couvert ; de 4/8, un ciel à moitié couvert ; on se sert aussi de symboles (voir Glossaire). Le ciel de l'illustration est à moitié couvert. Les nuages épars ont été rassemblés en une seule masse pour faciliter l'estimation.

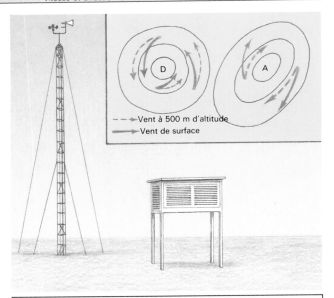

- - - → Vent à 500 m d'altitude
→ Vent de surface

Les stations météorologiques officielles sont équipées d'anémomètres à coquilles (1) pour mesurer la vitesse du vent, indiquée en général en terme de vitesse moyenne pour une période de 10 minutes. L'anémomètre est monté sur un mât en association avec une manche à air montrant la direction du vent. L'échelle de Beaufort (p. 124-125) fournit à l'amateur un bon moyen d'estimer la vitesse du vent. La détermination de sa direction est souvent plus difficile, notamment en ville dans les jardins entourés de bâtiments et d'arbres. Observer le sens de déplacement des nuages peut être utile, mais il ne faut pas oublier que, par rapport à une altitude d'environ 500 m, le vent de surface est dévié de 20 à 30° vers un centre de basses pressions ou à l'extérieur d'un centre de hautes pressions par l'effet de frottement (2). Utilisez la loi de Ballot (p. 83) pour déterminer l'emplacement de la zone de basses pressions.

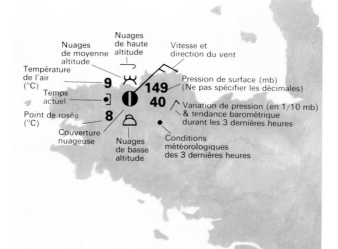

Nuages de moyenne altitude

Nuages de haute altitude

Vitesse et direction du vent

Température de l'air (°C) — **9**

Temps actuel

Point de rosée (°C) — **8**

Pression de surface (mb) (Ne pas spécifier les décimales)

Variation de pression (en 1/10 mb) & tendance barométrique durant les 3 dernières heures

Couverture nuageuse

Nuages de basse altitude

Conditions météorologiques des 3 dernières heures

Après avoir noté la pression et le sens dans lequel elle varie, l'état de la couverture nuageuse et sa composition, il ne vous reste plus qu'à consigner le temps de la journée. Les météorologistes distinguent officiellement une centaine de types de temps et de phénomènes météorologiques, de la bruine à la tornade. Mais vous pouvez employer une classification plus simple : (1) état du ciel (est-il bleu, partiellement nuageux, très nuageux ou entièrement couvert ?) ; (2) précipitations (pluie, bruine, averses, neige, grêle ou grésil ? légères, fortes, continues ou intermittentes ?) ; (3) manifestations orageuses (tonnerre et foudre sont-ils proches ou distants ?) ; (4) visibilité (brume ou brouillard ?) ; et (5) phénomènes de condensation au niveau du sol (rosée, givre ?). L'illustration montre comment les conditions atmosphériques et la situation météorologique à une heure donnée sont récapitulées sur les relevés des stations météorologiques à l'aide des symboles internationaux (voir p. 13).

Les observations effectuées au niveau du sol ne fournissent qu'une image partielle des conditions météorologiques. Pour établir des prévisions plus exactes, les météorologistes ont également besoin de connaître l'état de l'atmosphère en altitude. Des ballons-sondes, munis d'appareils enregistreurs mesurent température, pression et humidité jusqu'à une altitude de 25 km. Les informations collectées sont transmises en permanence au sol par un émetteur radio. Les satellites « géostationnaires », placés en orbite au niveau de l'Équateur à 36 000 km d'altitude et faisant le tour en 24 h, permettent d'observer en continu une région donnée. Les satellites « à défilement », placés sur une orbite passant au-dessus des pôles à environ 840 km d'altitude, fournissent des informations sur une bande de surface terrestre de 3 000 km de large. Couvrant la totalité du globe en 24 h, ils émettent pratiquement en permanence des images captées par des stations réceptrices réparties dans le monde entier. Les satellites fournissent des vues aériennes des systèmes météorologiques particulièrement précieuses pour connaître la situation au-dessus des océans et des tropiques, où les mesures en surface sont plus limitées.

ANALYSE DE CARTE MÉTÉOROLOGIQUE

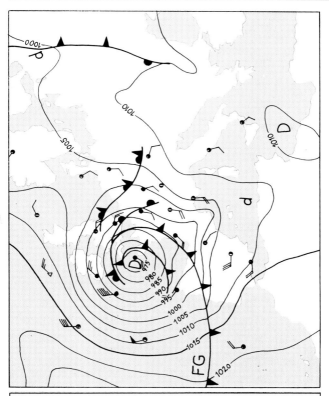

Des cartes de ce type sont établies quotidiennement par la Météorologie Nationale à partir des nombreux relevés de stations semblables à ceux présentés p. 117. Vitesse du vent et importance de la couverture nuageuse sont indiquées à l'aide de symboles (voir p. 13). La pression atmosphérique relevée en surface est reportée sur la carte, où des isobares sont ensuite tracées et la position des fronts estimée. On peut noter sur cette carte l'arrivée d'une dépression (D) en provenance de l'Atlantique qui, associée à une masse d'air froid et des fronts occlus (voir p. 27), est annonciatrice d'un temps pluvieux sur l'Europe Occidentale. Notez la relation entre isobares et direction du vent. (d = zones dépressionnaires).

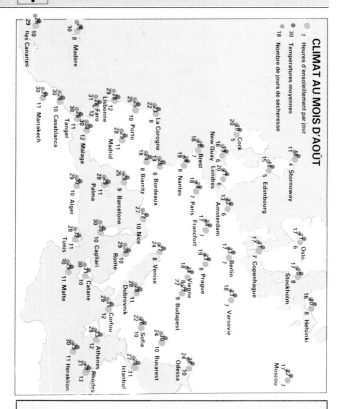

CLIMAT AU MOIS D'AOÛT

- 7 Heures d'ensoleillement par jour
- 30 Températures moyennes
- 18 Nombre de jours de sécheresse

La Météorologie Nationale peut vous fournir des informations sur les conditions prévisibles dans les principales villes et zones touristiques tout au long de l'année. Cette carte indique les températures moyennes, le nombre d'heures d'ensoleillement par jour et le nombre de jours sans précipitations dans toute l'Europe pour le mois d'août.

UNE MÉTÉO POUR LES NAVIGATEURS

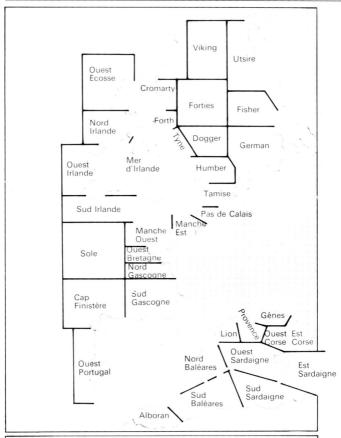

Des bulletins météorologiques spéciaux sont établis à l'intention des navigateurs. Les mers entourant les Îles Britanniques et l'Europe Occidentale sont divisées dans ce but en zones. Les services officiels fournissent des informations sur les conditions météorologiques actuelles et prévisibles, celles-ci étant transmises aux navires par fax, téléphone et émissions radio régulières. Des avis de tempête sont émis quand des vents de Force 8 ou plus ou des grains de 43 à 51 nœuds sont attendus.

Index

ÉCHELLE DE BEAUFORT

FORCE	DESCRIPTION	ASPECT DE LA MER	EFFET SUR TERRE	VITESSE MOYENNE EN KM/H
0	Calme	Comme un miroir	Pas de vent – La fumée s'élève verticalement	<1
1	Très légère brise	Quelques rides	Pas de vent notable – La fumée est déviée	1-5
2	Légère brise	Vaguelettes ne déferlant pas	Frémissement des feuilles – Une girouette tourne	6-11
3	Petite brise	Les moutons apparaissent	Feuilles et petites branches constamment agitées – Le vent déploie les drapeaux légers	12-19
4	Jolie brise	Petites vagues, nombreux moutons	Le vent soulève la poussière et les feuilles de papier, les petites branches sont agitées	20-28
5	Bonne brise	Vagues modérées, moutons, embruns	Les arbustes en feuilles commencent à se balancer	29-38

FORCE	DESCRIPTION	ASPECT DE LA MER	EFFET SUR TERRE	VITESSE MOYENNE EN KM/H
6	Vent frais	Lames, crêtes d'écume blanche, embruns	Grandes branches agitées, fils télégraphiques faisant entendre un sifflement Utilisation des parapluies difficile	39-49
7	Grand frais	Lames déferlantes, traînées d'écume	Arbres agités en entier, marche contre le vent pénible	50-61
8	Coup de vent	Tourbillons d'écume à la crête des lames, traînées d'écume	Branches cassées, marche contre le vent en général impossible	62-74
9	Fort coup de vent	Lames déferlantes, grosses à énormes, visibilité réduite par les embruns	Tuyaux de cheminées et ardoises arrachées	75-88
10	Tempête	Lames déferlantes, gosses à énormes, visibilité réduite par les embruns	Rare à l'intérieur des terres, arbres déracinés, importants dommages aux habitations	89-102
11	Violente tempête	Lames déferlantes, grosses à énormes, visibilité réduite par les embruns	Très rarement observés, très gros ravages	103-117
12	Ouragan	Lames déferlantes, grosses à énormes, visibilité réduite par les embruns	Air plein d'écume et d'embruns	≥118